干扰素诱导跨膜蛋白
抑制PRRSV复制的作用研究

◎ 温树波　著

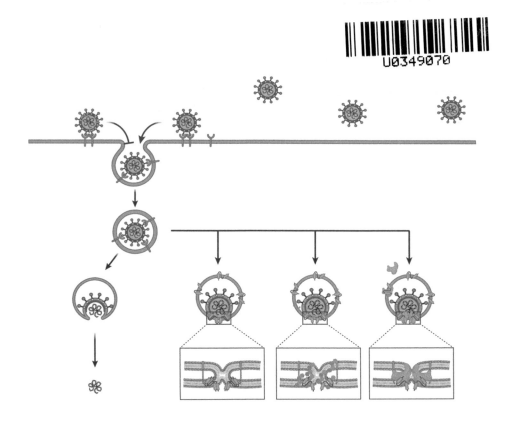

中国农业科学技术出版社

图书在版编目（CIP）数据

干扰素诱导跨膜蛋白抑制 PRRSV 复制的作用研究 ／ 温树波著. --
北京：中国农业科学技术出版社，2022. 12
ISBN 978-7-5116-5929-3

Ⅰ.①干…　Ⅱ.①温…　Ⅲ.①干扰素诱导剂-应用-猪繁殖与呼吸
综合征-诊疗-研究　Ⅳ.①S858. 28

中国版本图书馆 CIP 数据核字（2022）第 174726 号

责任编辑　张诗瑶
责任校对　王　彦
责任印制　姜义伟　王思文

出 版 者　中国农业科学技术出版社
　　　　　　北京市中关村南大街 12 号　　邮编：100081
电　　话　（010）82106625（编辑室）　　（010）82109702（发行部）
　　　　　　（010）82109709（读者服务部）
网　　址　https：//castp.caas.cn
经 销 者　各地新华书店
印 刷 者　北京建宏印刷有限公司
开　　本　170 mm×240 mm　1/16
印　　张　8
字　　数　156 千字
版　　次　2022 年 12 月第 1 版　2022 年 12 月第 1 次印刷
定　　价　98.00 元

序

  本书以猪繁殖与呼吸综合征病毒（PRRSV）在广西壮族自治区部分地区的感染状态、遗传进化特点以及 PRRSV 与猪干扰素诱导跨膜蛋白（IFITM）的相互影响为主线，为揭示广西壮族自治区猪繁殖与呼吸综合征（PRRS）防控中面临的问题提供了重要参考信息。对 IFITM 抗 PRRSV 作用的研究可以为 PRRS 的防控提供一定的理论基础。

  广西壮族自治区部分地区猪肺脏样品中 PRRSV 阳性率较高，达 38.7%。且屠宰场健康猪组织中也能检测到 PRRSV。挑选的三株 PRRSV 毒株均属于在我国大范围流行的 JXA1-like 亚型。同源性与来自越南的 Hanvet1.vn 及疫苗株 JXA1-P100 很高。GXBB17-1 的 ORF5 基因序列与 NADC30-like 同源性更高。四株 PRRSV 的 Nsp2 和主要囊膜蛋白有部分氨基酸突变。

  成功分离了 PRRSV GXBB16-1，该毒株具有较强的致病性。该毒株与 Hanvet1.vn 和 JXA1 衍生弱毒疫苗株具有很高的同源性，且在所有编码的结构蛋白和非结构蛋白中有多处氨基酸位点具有共同的突变。

  成功分离了原代猪肺泡巨噬细胞和原代猪外周血淋巴细胞，PRRSV GXBB16-1 可在感染后的不同时间点上调两种细胞内的 IFITMs 基因转录水平，提示 IFITMs 参与 PRRSV 感染过程中的免疫应答反应。

  构建了 Marc145-IFITMs 稳定细胞系，利用 qPCR、Western Blot 以及 IFA 检测结合 siRNA 干扰试验证明，IFITM3 分子可有效抑制 PRRSV 在 Marc145 细胞中的复制。

  希望本书的研究成果对广大的业内科研工作者有所裨益。

内蒙古民族大学人兽共患病创新研究院院长
人兽共患病防控自治区高等学校重点实验室负责人 瞿景波
2022 年 8 月

项目资助

本书出版过程中得到以下相关科研项目课题的资助。

国家自然科学基金项目（82160312），自制口服 Ag85A DNA 疫苗为佐剂布病 S2 疫苗肠黏膜细胞内加强抗原提呈机制研究。

内蒙古自治区科技重大专项项目（2019ZD006），人畜间布病综合防控技术集成与示范。

内蒙古自治区自然科学基金项目（2022LHQN03009），棕榈酰化修饰对牛干扰素诱导跨膜蛋白 bIFITM3 抑制 BPIV3 复制的影响及分子机制研究。

内蒙古自治区布鲁氏菌病防治工程技术研究中心开放课题基金项目（MDK2021078），牛干扰素诱导跨膜蛋白 bIFITM3 抗病毒作用研究。

目　　录

理　论　篇

试 验 篇

理　论　篇

第一章　PRRSV 概述

猪繁殖与呼吸综合征（Porcine Reproductive and Respiratory Syndrome，PRRS）是由猪繁殖与呼吸综合征病毒（*Porcine Reproductive and Respiratory Syndrome Viruse*，PRRSV）引起的能够使妊娠母猪繁殖障碍、仔猪呼吸困难的一种高度接触性传染病。不同年龄、性别、品种的猪均能感染，其中以妊娠期母猪和小于 1 月龄的仔猪最为易感。该病临床症状表现为母猪流产、弱胎、死胎、木乃伊胎及仔猪呼吸困难、败血症并伴有高死亡率[1]。患有该病的猪临床上还会出现耳部皮肤发绀，故又称为"蓝耳病"。该病最早在 1987 年于美国报道，随后迅速在世界各地区广为传播，给世界上许多国家的猪养殖业带来了巨大的经济损失[2]，仅在美国，PRRS 每年造成的经济损失就超过了 50 亿美元[3]。PRRSV 可分为美洲型（基因 1 型）和欧洲型（基因 2 型），它们的代表毒株分别为 VR2332 和 LV[4]。二者核苷酸同源性很低，为 56%~60%，临床症状相似，但主要抗原不同，导致二者疫苗交叉保护性差。在我国，郭宝清等首次于 1996 年证实了美洲型 PRRSV 的存在，随后该病迅速出现在我国其他省份。目前国内流行毒株主要为美洲株[5]。

PRRS 自从被发现至今已有近 30 年，然而该病在全球范围内仍未得到有效控制，除新西兰、澳大利亚、瑞士等少数国家无疫情外，该病在许多生猪养殖国家已成为一种地方性流行病。由于 PRRSV 在传播过程中会发生快速突变和基因重组，因此不断出现新的具有不同致病性和毒力的毒株。此外，PRRSV 还具有持续性感染、免疫抑制等特点，使其成为目前猪病中最难控制的疾病。

第一节　PRRSV 病原学

PRRSV 属于套式病毒目、动脉炎病毒科、动脉炎病毒属成员，是具有囊膜结构的单股正链 RNA 病毒，电镜下可以观察到成熟的 PRRSV 病毒粒子呈螺旋状或卵状，直径为 50~60nm[6]。PRRSV 基因组 RNA 被核衣壳包裹，核衣壳表面糖蛋白及膜蛋白插入脂质双分子层，形成了成熟的 PRRSV 颗粒[7]。PRRSV 具有较差的热稳定性，在-80℃条件下可稳定保存，随着温度的升高，其感染性随之下降。37℃条件下放置 48h，或 56℃条件下放置 45min 该病毒基本上可完全丧失致病性；PRRSV 对环境的 pH 值同样较为敏感，在高于 7.6 或低于 6.5 的 pH 值条件下其感染能力迅速下降[8]。

PRRSV 基因组全长约 15kb，包括 5′端的帽子结构、非编码区（Untranslated Regions，5′UTR），3′端的非编码区（3′UTR）和 Poly A 尾[9]。5′UTR 长 190~200bp，是所有 sg-mRNA 所共有的引导序列（Leader Sequence），它可在调控病毒的基因组复制以及亚基因组转录过程中发挥重要的生物学功能[10]；3′UTR 长 114~159bp，内部包含转录调控信号，能够指导病毒复制及 RNA 的合成[11]。

PRRSV mRNA 编码至少 10 个开放阅读框（Open Reading Frames，ORFs），包括 ORF1a、ORF1b、ORF2、ORF2a、ORF2b、ORF3、ORF4、ORF5、ORF5a、ORF6 和 ORF7，其中 ORF1a 和 ORF1b 编码非结构蛋白（Nonstructural Proteins，Nsps），ORF2-7 编码结构蛋白[12]（图 1-1）。ORF1a 可编码 pp1a 多聚蛋白。ORF1b 通过核糖体移码表达，产生一个大的 pp1ab 多聚蛋白[13-14]。病毒蛋白酶可以将 pp1a 和 pp1ab 水解为 14 个非结构蛋白，其中包括 4 个蛋白酶（Nsp1α、Nsp1β、Nsp2 和 Nsp4），一个 RNA 依赖性 RNA 聚合酶（Nsp9），一个解旋酶（Nsp10）以及一个核酸内切酶（Nsp11）[15-16]。

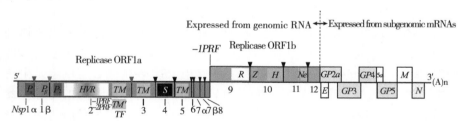

图 1-1 PRRSV 基因组结构

(Lunney et al.，2016[17])

ORF2-5 编码囊膜糖蛋白（Glycoprotein，GP）GP2-GP5，ORF6 编码一个非糖基化膜蛋白（M），而 ORF7 编码核衣壳（N）蛋白[18]。ORF2b 编码的 E 蛋白是由 73 个氨基酸组成的非糖基化蛋白，分子量约为 10kDa。E 蛋白是 PRRSV 病毒感染性所必需的，利用基因操作手段敲除 ORF2b 后将对病毒的感染性产生影响，但不会影响病毒粒子的组装。1 型 PRRSV 和 2 型 PRRSV 分离株之间 E 蛋白氨基酸同源性为 74%，故认为 E 蛋白在 PRRSV 诊断中具有重要意义[19-20]。

多聚蛋白（Polyprotein）pp1a 和 pp1ab 可以被 ORF1a 编码的蛋白酶裂解为多个蛋白。其中 Nsp1α 和 Nsp1β 位于 pp1a 的 N 端，它们均有一个木瓜蛋白酶样半胱氨酸蛋白酶区（Papain-like Cysteine Protease，PCP），分别被命名为 PCPα 和 PCPβ。Nsp1α 似乎可以在转录过程中发挥一定的作用[7]。在马动脉炎病毒感染的细胞中，有学者发现 Nsp1 可以在细胞核处与 N 蛋白发生共定位，在该处，Nsp1 与细胞内转录因子发生相互作用[21-22]。

在大肠杆菌中过表达 Nsp1α/β 融合蛋白可以导致该蛋白在 Nsp1α/β 连接处 Met180/Ala181 位点发生自动催化裂解释放自身[23]。Nsp1α 包含一个 N 端锌指区（1~55 位氨基酸残基），紧随其后的是一个木瓜蛋白酶样蛋白酶区（PCPα，66~166 位氨基酸残基）以及一个短的羧基端延伸区。

Nsp1 在调控宿主细胞的天然免疫过程中发挥极其重要的功能。有学者发现，Nsp1 能够抑制 I 型 IFN 的转录，而且这种抑制作用依赖 Nsp1α 的木瓜蛋白样半胱氨酸蛋白酶活性，但与 Nsp1β 无关[24]（图 1-2）；Nsp1 还可以通过介导 CBP 蛋白的降解以及抑制干扰素（Interferon，IFN）转录复合物的形成来下调 I 型 IFN 的转录[25]；此外，Nsp1α 还可以通过抑制核因子 κB

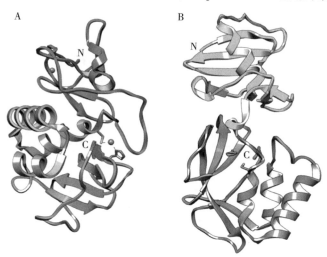

图 1-2　PRRSV Nsp1α、Nsp1β

（Dokland，2010[29]）

抑制蛋白（Inhibitor of NF-κB，IκB）的磷酸化进而对核因子 κB（Nuclear Factor κB，NF-κB）介导的Ⅰ型 IFN 转录产生抑制作用[26]；Nsp1β 则可以通过抑制干扰素调节因子 3（Interferon Regulatory Factor 3，IRF-3）的活化对双链 RNA 诱导的Ⅰ型 IFN 转录起下调作用[27]。上述研究表明在 PRRSV 所有非结构蛋白中，Nsp1 对Ⅰ型 IFN 的抑制作用最强[28]。

Nsp2 是 PRRSV 所有非结构蛋白中最大的非结构蛋白。在不同毒株中，Nsp2 氨基酸残基数为 1 168~1 196 位[30-32]，也是变异最大的非结构蛋白。不同 PRRSV 亚型的 Nsp2 同源性仅为约 32%[33]。Nsp2 在其 N 末端有一个木瓜蛋白酶样蛋白酶区（Papain-like Protease，PLP2）（47~147 位氨基酸残基），随后是一个富含辅氨酸的高变区以、一个含有 4 个预测的跨膜结构的疏水区以及 C 端一个高度保守区。PLP2 蛋白酶活性可裂解 Nsp2-3 连接位点。Cys55、Asp89 以及 His 124 这三个氨基酸残基构成 PL2 的裂解活性区[34]。该蛋白酶特异性裂解 GC 碱基对。

Nsp2 具有顺式和反式两种水解活性。通过水解可产生 6 种以上长度不同的 Nsp2 亚型，其中包括 Nsp2a、Nsp2b、Nsp2c、Nsp2d、Nsp2e 和 Nsp2f，这六种亚型的表达量相对比较稳定。其中 Nsp2d、Nsp2e 和 Nsp2f 这三种裂解位点位于 Nsp2 中间的高变区，这三种较短的亚型对 PRRSV 的胞内复制无明显影响[34]（图 1-3）。

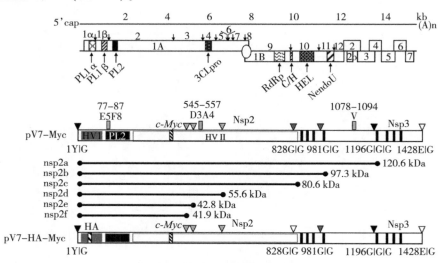

图 1-3　PRRSV Nsp2 及其亚型结构示意

（Han et al., 2010[35]）

　　Nsp2 除能够自我裂解外，还能与 Nsp4 发生互作，以完成 Nsp4 和 Nsp5 之间的裂解。另外，Nsp2 在病毒的复制过程中还发挥另外一个重要的作用，就是与 Nsp3 共同参与形成双层膜泡结构（Double Membrane Vesicles，DMVs），为病毒基因组 RNA 合成提供场所[36-37]。

　　Nsp4 具有 3C 样蛋白酶（3C-like Protease，3CLP）活性，该活性位点由 Ser118、His39 和 Asp64 组成[38-39]（图 1-4），因其在病毒的复制过程中对病毒蛋白的表达和加工发挥核心作用，因此还被称作是主要蛋白酶。有研究表明，Nsp4 也具有 IFN 抑制活性，其 155 位氨基酸位点可通过改变该蛋白的亚细胞定位进而影响其抑制 IFN-β 的效率[40]。

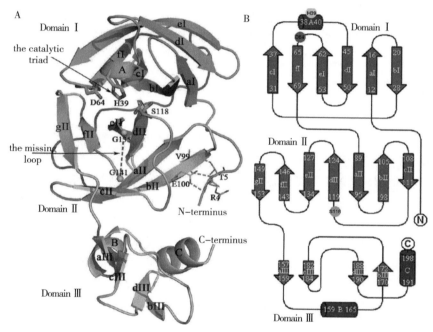

图 1-4　PRRSV Nsp4 晶体结构示意

（Tian et al.，2009[40]）

　　PRRSV ORF1b 编码的 Nsp9-Nsp11 蛋白在套式病毒目中最为保守[41]，Nsp9 是病毒的 RNA 依赖性 RNA 多聚酶（RNA-dependent RNA Polymerase，RdRP）。Nsp10 有一个含金属结合区以及核苷三磷酸结合区的解旋酶基序，它具有 NTP 酶及双链 RNA 解旋活性。Nsp11 有核糖核酸内切酶的活性。此外，Nsp11 还含一个 CORONA 基序[16]，对 IFN 的活性具有抑制作用。

PRRSV 囊膜蛋白包括 GP2-GP5、M 蛋白和 E 蛋白（图 1-5），主要成分是 GP5 和 M 蛋白，它们的含量占病毒蛋白的一半以上，并形成了病毒的二硫键结合二聚体[18]。敲除这两个开放阅读框病毒不能够组装出新的病毒粒子，但是敲除别的结构蛋白开放阅读框对病毒组装没有影响[20]。以序列分析为基础的拓扑学预测发现 M 蛋白的非糖基化 174 残基含有一个 16 个氨基酸残基长度的胞外区，其后紧随三个跨膜区，以及一个 84 氨基酸残基长度的 C 端胞内区。

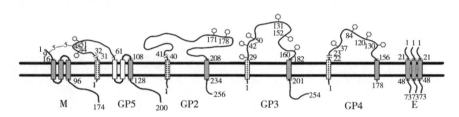

图 1-5　PRRSV 囊膜蛋白拓扑学结构

（Dokland，2010[29]）

GP5 蛋白的 200 个糖基化氨基酸残基在 PRRSV 蛋白中最易发生变异，美洲型和欧洲型之间只有 51%~55% 的同源性[4,42]。GP5 的高变性可能是不同病毒毒株间缺乏交叉保护作用的原因[43]。序列分析表明 1~31 位氨基酸组成了 GP5 N 端的信号序列，紧随其后的是在 Asn44 和 Asn51 位点发生糖基化的胞外区。Asn46 位点糖基化对 LV 病毒装配和保持感染性所必需的。M 蛋白的 Cys9 和 GP5 蛋白的 Cys48 位点产生二硫键连接。

GP5 的 60~125 位氨基酸残基组成了一个包含 1~3 个跨膜螺旋结构的疏水区[44-46]，而胞外区只有 30 个氨基酸残基（32~61 位）。这就解释了电镜下 PRRSV 病毒粒子表面非常光滑的原因。跟 M 蛋白类似，GP5 蛋白也有一个 130~200 位氨基酸残基位点的大的 C 端胞内区。有研究发现，甲病毒 E2 囊膜蛋白的 33 氨基酸胞内区能够在病毒出芽过程中与核衣壳蛋白发生特殊的互作[47]，该现象可能同样在 PRRSV 的 M 蛋白和 GP5 蛋白上发生。但体外 pull-down 研究并没有证实 M 蛋白和 N 蛋白的互作，故 M 蛋白和 GP5 蛋白胞外区的功能尚待探索。M 蛋白和 GP5 蛋白可能主要在病毒结构方面起作用。例如，在病毒的出芽过程中，于膜表面形成曲率。GP5 蛋白还可能在病毒感染中与宿主细胞发生互作，与宿主细胞膜发生融合。

GP2 糖蛋白有 256 个氨基酸残基（欧洲型有 253 个）。GP2 的 1~40 位氨基酸残基是 N 端信号序列，随后是一个长约 168 个氨基酸残基的胞外区、一个跨膜螺旋结构以及一个 20 个氨基酸长度的胞内区。美洲型 GP2 在 Asn171 和 Asn178 位点处为保守的糖基化位点，该位点与病毒感染能力无关。

美洲型 PRRSV GP3 氨基酸长度为 254，是 PRRSV 囊膜蛋白的次要组成成分，该蛋白高度糖基化[48-49]。美洲型 PRRSV GP3 和欧洲型 PRRSV GP3 同源性约为 58%，它们之间差异最大的地方在 C 端的 30~50 位氨基酸残基之间，该处欧洲型 PRRSV 多 11 个氨基酸。GP3 蛋白有 6 个预测的糖基化位点，美洲型 PRRSV 分别在 29 位、42 位、50 位、131 位、152 位和 160 位的氨基酸位点。

美洲型 GP4 长度为 178 个氨基酸残基（欧洲型 183 个）。GP4 蛋白的 1~21 个氨基酸残基是一个预测的信号肽裂解位点，在 156~177 位的氨基酸位点之间是一个跨膜螺旋结构。GP4 有 4 个糖基化位点，分别位于 37、84、120 和 130 氨基酸位点。GP2、GP3 和 GP4 在美洲型和欧洲型 PRRSV 囊膜蛋白中以多聚体形式存在[50]。近年来有研究发现，GP4 和 GP2a 是与 PRRSV 受体 CD163 结合的主要蛋白，GP3 也参与其中，发挥辅助作用（图 1-6）。

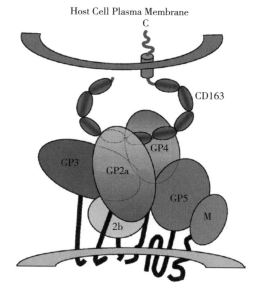

图 1-6　PRRSV 囊膜蛋白复合物模式

（Das et al., 2010[50]）

PRRSV 的 N 蛋白由 ORF7 编码，在 123~128 位的氨基酸位点之间与病毒 RNA 互作，形成病毒核衣壳。N 蛋白在 PRRSV 感染的细胞内表达水平最高，因此是主要的结构蛋白[51]。N 蛋白是 PRRSV 病毒最主要的免疫原蛋白，但是 N 蛋白抗体既无中和活性也无免疫保护性。N 蛋白可分为 N 端 RNA 结合区以及 C 端的二聚体功能区。

第二节　PRRSV 流行现状

自 20 世纪 80 年代 PRRS 在北美洲和欧洲暴发以来，该病很快在全世界范围内流行，严重威胁世界养猪业。近年来，该病主要呈现地方性流行态势，一些高致病性 PRRSV 毒株出现在某些国家或地区，主要表现为感染猪群高发病率及高死亡率的局部爆发和流行。根据基因组序列差异，可将 PRRSV 分为以 VR2332 为代表的 PRRSV 基因 2 型（美洲型）和以 LV 为代表的 PRRSV 基因 1 型（欧洲型），两者全基因序列存在明显差异。

欧洲株最早于 20 世纪 90 年代在西欧被报道，当时在荷兰分离到了第一株 1 型 PRRSV 病毒 LV（Lelystad Virus）株。大量证据表明，在 20 世纪 90 年代欧洲暴发 PRRSV 疫情之前，PRRSV 1 型毒株就已存在，只是未被关注[52]。西欧的 PRRS 疫情主要由 PRRSV 1 型毒株引起。通过流行病学调查发现，除两个分支完全源自意大利外，几乎每个分子里都有不同国家和地区之前流行过的毒株。有研究表明，分离自波兰、保加利亚、俄罗斯、爱沙尼亚等东欧国家的 PRRSV 与西欧分离株相比，变异性更大、毒株间同源性更低。同时还发现西欧分离株更易跨界传播，而东欧分离株地域限制性更强。虽然 PRRSV 1 型主要在欧洲流行，但美国、加拿大、中国、韩国和泰国均已分离到 PRRSV 1 型毒株[31,52-54]。出现在我国和泰国的 PRRSV 1 型分离株有可能主要源于基因 1 型疫苗毒株。

美洲型 PRRSV 毒株最早出现在 20 世纪 80 年代的美国，当地学者从发病猪的组织病料中首次分离到了 VR2332 株[55]。随后该病在北美洲迅速流行并传播至亚洲和一些欧洲国家。根据 PRRSV 2 型 ORF5 基因序列可将其分为 9 个谱系（图 1-7），可以清楚地发现，基因 2 型 PRRSV 主要分布在北美洲，9 个谱系中的 7 个含有来自北美洲的分离株，且每个群中有很多毒株也来自北美洲，其中的部分毒株已在欧洲和亚洲国家造成疫情暴发。VR2332 所处的 Linage 5 地理分布最广。Linage 1 的大部分毒株源自加拿大的魁北克，该谱系的毒株在 2000—2004 年经历了广泛的变异，其中 Nsp2 出

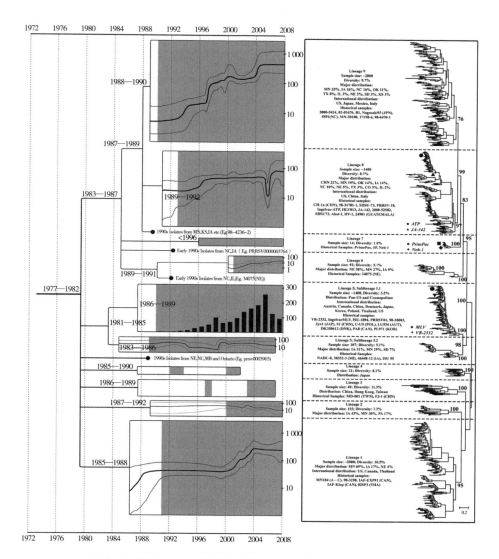

图 1-7　基于 ORF5 的基因 2 型 PRRSV 分型及进化史分析

（Shi et al., 2010[52]）

现大片段缺失的 MN184 及其变异毒株曾于 2001 年在美国引发过一次
PRRSV 疫情[56]。sub-Lineage 8.7 是 2006 年以来在我国引起 PRRS 疫情暴发
的高致病性毒株，我国高致病性 PRRSV 是来源于 Lineage 8 的本土毒株，在

经过大约 10 年的变异和演化，形成的流行毒株造成我国 2006 年暴发的疫情。

我国最早在 1996 年报道了 PRRS 病例。在随后的 10 年间，该病在许多省份广为传播。郭宝清等首次在我国华北地区的发病猪场分离到 PRRSV 毒株，将其命名为 CH-1a，CH-1a 与美国首次分离到的 VR-2332 全基因序列相差较大。在随后的数年间，PRRSV 在我国大部分地区开始迅速传播。有学者基于 PRRSV ORF5 基因序列进行的系统发生进化分析发现，我国首次分离到的 CH-1a 属于 2 型病毒的 Lineage 8。2015 年以来，多株 Lineage 1 PRRSV（NADC30-like PRRSV）在我国被分离到[57-63]，Lineage 3 PRRSV 病毒也于近年来在广东分离到[64]。因此，现阶段我国境内 PRRSV 流行情况较为复杂。

我国学者根据 1996—2016 年以来我国报道的 2430 株 PRRSV 毒株的 ORF5 基因序列对我国 PRRSV 毒株流行现状进行了系统分析。结果发现，我国流行的 PRRSV 分为 5 个不同的谱系（Lineage）（图 1-8）。其中有 85.56%（2079/2430）PRRSV 毒株属于 Lineage 8，而我国新出现的 NADC30-like（Lineage 1）毒株也占到了 5.19%（126/2430），其他谱系毒株数量较少。可见 Lineage 8 是我国境内的主要流行毒株。根据氨基酸差异，又可将我国境内的 Lineage 8 进一步分为 7 个 sub-Lineages，即 8.1~8.7。1996 年我国最早报道的 CH-1a 株属于 sub-Lineage 8.1。sub-Lineage 8.3 包含了我国所有报道的 PRRSV 2 型毒株的 78.3%（1903/2430），其代表毒株为 JXA1、HuN4 以及 TJ 株。

在 32 个 PRRSV 阳性省份中，广东、福建和江西跟其他省份相比，PRRSV 多样性更高。在广东发现了存在于我国的全部 5 种谱系（Lineages）的 PRRSV。在福建和江西有四种谱系的 PRRSV 被分离到（Lineage 1、Lineage 3、Lineage 5 和 Lineage 8）。在我国大多数省份，绝大多数的 PRRSV 属于 Lineage 8。在西藏、陕西、青海、宁夏、湖南、海南、贵州、重庆和内蒙古，目前只出现过 Lineage 8.3 毒株。Lineage 5 分布于许多省份，并且主要集中于山东、四川以及云南。2012 年首次报道的 Lineage 1 主要出现在河南，占当地毒株的 77.4%。

1996—2016 年，我国有 7 个省份报道了 22 株 PRRSV 1 型毒株，它们在内蒙古和福建流行较多，分别为 36.4% 和 31.8%[65]。

图 1-8　1996—2016 年我国报道的 PRRSV 2 型毒株分型

（Gao et al., 2017[65]）

第二章 模式识别受体和病毒感染

先天免疫系统利用模式识别受体（PRRs）通过识别病原体相关分子模式（Pathogen-Associated Molecular Patterns，PAMPs）进而识别病毒病原体。PAMPs 不仅包括在细菌上发现的脂多糖等经典 PAMPs，还包括核酸。核酸识别已经成为免疫系统抗微生物武器库的重要组成部分。各种各样的病原体，其基因组和复制过程中积累的核酸被 PRRs 感知进而被机体识别。这在机体感知病毒入侵的过程中应用最为常见。PRRs 对存在于病毒中的特征性成分如 5′-三磷酸 RNA（通常在宿主 RNA 中不存在）或暴露于细胞质感受器的核酸（如病毒 DNA）作出反应。

Toll 样受体（Toll-like Receptors，TLRs）是在所有 PRRs 中被研究最多的一种。TLRs 是一种 1 型跨膜蛋白，穿梭于质膜和内体小泡之间。它们主要负责检测细胞外环境中的 PAMPs。那些位于质膜上的 TLRs 通常特异性识别疏水脂质和蛋白质，而那些发现于核内体的 TLRs 通常可识别核酸。这种不同分工有助于先天免疫细胞对病毒包膜的组成部分（如其表面的融合机制）作出反应。机体可识别核内体中的核酸，许多病毒在核内体中脱壳进入细胞质。视黄酸诱导基因 I 样受体（RLRs）、核苷酸寡聚化结构样受体（NLRs）和胞质 DNA 传感器（如 AIM2 家族成员）可识别到达细胞质的病毒成分。与 TLRs 类似，RLRs 和 DNA 感受器可调节干扰素和细胞因子产生所必需的转录因子。NLRs 和 AIM2 主要通过激活 Caspase-1 促进 IL-1β 和 IL-18 的成熟。有趣的是，TLR 信号可诱导未成熟的 IL-1β 和 IL-18，而 NLRs 作为一个"检查点"，调节这些有效应答反应的激活和释放。

第一节 Toll 样受体

人们首次发现 Toll 蛋白在果蝇胚胎背腹模式中发挥作用。后来的研究发现，它在成年苍蝇应对细菌和真菌感染的免疫反应过程中发挥重要作用，此后人们逐渐开始探究哺乳动物的同源物。迄今为止，已发现了 10 个人源

TLRs，13 个鼠源 TLRs。其中，两物种的 TLR1 ~ TLR9 相同。TLR1、TLR2、TLR4、TLR5、TLR6 位于质膜上，TLR3、TLR7、TLR8、TLR9 位于细胞内体。所有的 TLRs 都有一个共同的结构，包括细胞外富含亮氨酸的重复序列和一个细胞质 Toll/白细胞介素 - 1 受体（Toll/Interleukin - 1 Receptor，TIR）结构域。这些受体以二聚体的形式传导信号，以不同的方式招募接头蛋白 Mal（MyD88 Adapter-like），也被称为 TIRAP（含 TIR 结构域的接头蛋白，TIR Domain-Containing Adaptor Protein）和 MyD88（髓样分化因子 88，Myeloid Differentiation 88）和/或 TRIF（含 TIR 结构域适配器诱导 IFN-β，TIR-Domain-Containing Adaptor Inducing IFN-β）和 TRAM（Trif 相关接头分子，Trif-Related Adaptor Molecule）[66]。接头蛋白启动信号级联，最终激活核因子 καρρα B（Nuclear Factor καρρα B，NF-κB）、丝裂原活化蛋白激酶（Mitogen-Activated Protein Kinase，MAPK）和干扰素调节因子 1、干扰素调节因子 3、干扰素调节因子 5 和干扰素调节因子 7（Interferon Regulatory Factors，IRF-3、IRF-5 和 IRF-7）[67]。这些转录因子不仅驱动干扰素、细胞因子和趋化因子的表达，而且能够影响细胞的成熟和存活。

除 TLR3 外，所有 TLRs 激活后都会招募 MyD88。以 TLR2 和 TLR4 为例，Mal/TIRAP 蛋白作为接头蛋白将 MyD88 招募到激活的受体。MyD88 的死亡区结合并激活 IL-1R 相关激酶 1（IRAK-1）和/或 IRAK-2。人们认为 IRAK-4 也短暂地与这个复合物相互作用，并可磷酸化修饰 IRAK-1。IRAK-1 随后被释放并与 TNF-α 受体相关因子 6 结合（TRAF6）。活化的 TRAF6 能够对自身和其他蛋白 K63 位点进行多泛素化修饰。它与 NF-κB 必需调节因子（NEMO，也被称为 IKKγ）相互作用，这是其泛素化的另一个靶点。另外，也可与 TGF-β-活化激酶-1（TGF-β-Activated Kinase-1，TAK1）和 TAK1 结合蛋白（TAK1 Binding Proteins，TAB1、TAB2 和 TAB3）发生互作。NEMO 与 IKKα 和 IKKβ 形成复合物，IKKα 和 IKKβ 是负责磷酸化 IκB 的催化激酶。IκB 在细胞质中与 NF-κB 结合并将其封闭。发生磷酸化后，IκB 可进一步被泛素化修饰，最终被蛋白酶体降解，将 NF-κB 释放进入细胞核，诱导基因表达。许多研究表明，TAK1 通过磷酸化修饰 IKKβ 和 C-Jun N 末端激酶（C-Jun N-terminal Kinase，JNK）在 NF-κB 和 MAPK 通路中发挥重要作用[68-69]。

TLR3 不能招募 MyD88，而是与包含接头蛋白 TIR 区的接头蛋白诱导干扰素-β（TIR-Domain-Containing Adapter-inducing Interferon-β，TRIF）发生相互作用。与 MyD88 类似，TRIF 可直接结合 TRAF6 诱导 NF-κB。与

MyD88 相比，TRIF 还能够招募蛋白受体相互作用蛋白-1（RIP-1）。RIP-1 与 TRAF6 协同导致更有效的 NF-κB 激活。TRAF3 是第三种被招募到 TRIF 的蛋白质。TRAF3 与 TANK 结合激酶-1（TBK1）和 IKKi 相关。TBK1 和 IKKi 可通过磷酸化干扰素调节因子-3（IRF-3）和 IRF-7 介导 I 型干扰素的产生，进而二聚化并进入细胞核，与 NF-κB 和激活蛋白 1（AP-1）合作，引起靶基因的转录。TLR4 可以通过接头蛋白 TRIF 相关接头分子（TRAM）招募 TRIF，因此可以通过这两种通路发出信号。

上述先天信号通路缺陷可导致一些人类的原发性免疫缺陷病。例如，一项研究发现，MyD88 蛋白功能缺失的儿童更容易反复出现危及生命的化脓性细菌感染。IRAK-4 缺乏患者也有类似的表型报道。另有研究发现，两位无血缘关系且存在 UNC-93B1（该蛋白被认为参与了 TLR3、TLR7、TLR8 和 TLR9 到核内体的转运）缺陷的儿童，他们对脑炎单纯疱疹病毒-1 的易感性增加。这两位儿童的 PBMCs 和成纤维细胞表现出对 HSV-1 攻击的 I 型干扰素反应减弱，同时病毒复制增强[70]。

一、TLR 表达与活性

病毒 PAMPs 引起的炎症反应取决于多种因素。首先，不同的先天免疫细胞内 TLRs 的表达存在差异。人类巨噬细胞高水平表达 TLR2 和 TLR4，而浆细胞样树突状细胞（pDCs）主要表达 TLR7 和 TLR9。不同物种之间的表达模式也不同，TLR9 只局限于人类的几种细胞类型，但这些细胞却广泛存在于小鼠体内。此外，不同类型的先天细胞中某些下游信号分子的表达也有所差异。例如，pDCs 的独特之处就在于，它们能够以组成性表达的方式表达转录因子 IRF-7，使它们能够快速产生高水平的 I 型 IFN 以应对病毒感染。而其他细胞类型，如巨噬细胞，作出反应的时间会有所延迟。因此，在产生的效应分子的性质和反应的动力学方面，对相同的病毒 PAMPs 不同类型细胞间其反应可能存在差异。能够干扰 TLR 反应的病毒编码蛋白质通常会使这一情况进一步复杂化。

二、TLR2

TLR2 与 TLR1 或 TLR6 以异源二聚体的形式存在于先天免疫细胞和适应性免疫细胞的质膜上，它可被革兰氏阳性菌的常见成分脂磷壁酸以及恶性疟原虫等寄生原生动物的 GPI 锚定物激活。最近的研究表明 TLR2/TLR6 异源二聚体在 RSV 诱导的先天性免疫应答中发挥作用。TLR2 或 TLR6 缺失小鼠与野生型小鼠相比，巨噬细胞对 RSV 的应答过程中，TNF-α、IL-6、CCL2（MCP-1）和 CCL5（RANTES）水平较低。当经鼻将 RSV 注射 TLR2 或 TLR6 敲除小鼠时，它们的病毒滴度峰值升高，中性粒细胞和肺中激活的 DC 数量减少[71]。因此，在 RSV 感染过程中，TLR2/TLR6 信号通路可能有助于先天免疫细胞募集和体内病毒清除。人源 PBMCs 中，TLR2 有助于 IL-8 和 MCP-1 的产生以应对 EB 病毒（EBV）感染[72]。也有研究报道了 TLR2/TLR1 介导的、对人类巨细胞病毒（HCMV）的促炎反应。一项研究发现 TLR2 缺陷的小鼠巨噬细胞在对 UV 灭活的 HCMV 的免疫应答反应过程中 IL-6 和 IL-8 的产生显著减少。此外，接种 HCMV 的 HEK293 细胞中，只有表达 TLR2 和 CD14 才能最大程度地激活 NF-κB 并分泌 IL-8。人们后来证明，包膜糖蛋白 B 和 H 与 TLR2 和 TLR1 发生免疫共沉淀，并被理论认为是刺激 TLR2 的 HCMV PAMPs[73]。

淋巴细胞性脉络丛脑膜炎（LCMV）是一种非致细胞病变型病毒，可引起小鼠致命的脑炎。感染 LCMV 的野生型胶质细胞产生 TNF-α、CCL2 和 CCL5，这种反应在 TLR2 缺陷小鼠衍生的细胞中未出现。TLR2 也可诱导 LCMV 刺激小胶质细胞表达 Ⅰ 类和 Ⅱ 类 MHC 分子，CD40 和 CD86，提示该途径可诱导适应性免疫应答。在 LCMV 感染过程中，大部分中枢神经系统损伤是由免疫反应本身引起的，TLR2 信号传导是保护性的还是病理性的还有待确定[74]。有趣的是，TLR2 在 LCMV 感染时诱导产生 Ⅰ 型 IFN 的过程中发挥重要作用，但其机制尚不清楚。虽然 TLR2 通常与 Ⅰ 型干扰素诱导无关，但 Barton 及其同事最近的一项研究表明，在炎症单核细胞中，TLR2 调控 Ⅰ 型干扰素的表达以应对病毒而非细菌配体[75]。

令人惊讶的是，在由单纯疱疹病毒（HSV）引起的疾病中，TLR2 似乎可以发挥保护作用或有害作用，这取决于具体的感染情况。使用腹腔感染模型的研究发现，与野生型小鼠相比，TLR2 缺陷的新生小鼠可耐受致命性 HSV-1 脑炎的感染[76]。尽管病毒载量相似，但敲除 TLR2 的小鼠生存率有所提高，减轻了症状并减少了由中枢神经系统炎症引起的损伤。相反，在鼻内感染 HSV-1 的模型中，TLR2 与 TLR9 协同作用，促进生存[77]。此外，TLR2 已被证明在腹腔和阴道内感染 HSV-2 的模型中有益处[78]。TLR2 在感染 HSV 的小鼠模型中的作用可能受病毒接种量、给药途径和受试小鼠年龄等因素的影响。HSV 感染诱导了两种不同的反应；一种 TLR2 依赖性炎症细胞因子应答和一种 TLR9 和/或非 TLR 依赖的 Ⅰ 型 IFN 应答反应。强烈的 IFN 反应对于控制早期病毒复制（IFN 缺乏的小鼠很快就会死于感染）和防止从生殖道传播到大脑是必要的。然而，一旦大脑发生炎症，死亡率就会增加。

麻疹病毒（MV）是 TLR2 信号传导可能导致有利和不利影响的另一种感染。用活的或 UV 灭活的野生型 MV 接种小鼠，诱导小鼠巨噬细胞产生 IL-6 和 CD150 表面表达，这是一种在 TLR2 缺陷细胞中受损的反应[79]。有趣的是，野生型 MV 进入单核细胞需要 CD150，因此通过 TLR2 途径诱导免疫激活实际上可能使病毒获得易感性。

三、TLR3

除中性粒细胞和 pDCs 外，TLR3 广泛表达于先天性免疫细胞，并定位于内体室。2001 年证实，通过双链 RNA 模拟物 poly I：C 激活 TLR3 信号通路有助于巨噬细胞中 I 型 IFN 和细胞因子的产生。此外，从呼肠孤病毒中分离到的基因组 dsRNA 可以激活野生型脾细胞，而不能激活 TLR3 缺陷的脾细胞。TLR3 可以识别 dsRNA（一种常见的病毒 PAMP）的观点引发了人们的猜想，认为其在机体对多种感染反应中发挥作用。与直觉相反，后来的一项研究发现 TLR3 缺陷小鼠在呼肠病毒攻击后的存活率、病毒滴度或病理学方面没有差异。研究者认为，在体内感染过程中，TLR3 可能不会遇到呼肠病毒 dsRNA，或者 dsRNA 水平可能太低，无法有效激活 TLR3。本研究还报道了 TLR3 缺陷型和野生型小鼠对 LCMV、VSV 和 MCMV 感染具有类似的免疫反应[80]。然而，其他证据表明，TLR3 实际上在限制 MCMV 感染的过程中发挥作用。一些研究观察到在缺乏 TLR3 的小鼠脾脏中，I 型 IFN 和 IL-12产生减弱，伴随病毒载量增加。尽管如此，与野生型相比，只有 TLR9 缺陷小鼠的存活率显著下降，这表明 TLR9 在 MCMV 感染中比 TLR3 更关键。最近的一项研究也表明，TLR3 与 HSV-1 相关疱疹病毒的免疫抑制有关[81]。TLR3 显性阴性突变的患者更容易感染单纯疱疹病毒性脑炎，这是一种罕见但极具危害的 HSV-1 感染表现。人们推测，DNA 病毒感染后 TLR3 的配体是反向 DNA 链双向转录过程中产生的 dsRNA。TLR3 信号也降低了脑心肌炎病毒（EMCV）的致死率，这是一种直接破坏心脏组织的单股正链 RNA 病毒。感染 EMCV 3d 后，TLR3 缺陷型小鼠心肌组织 TNF-α、IL-6 和 IL-1β mRNA 水平降低，炎症浸润相应减少。在 TLR3 信号缺失的情况下，EMCV在心脏中复制水平更高，可导致 TLR3 敲除的小鼠出现更快和更广泛的死亡。

虽然本研究表明 TLR3 介导的炎症反应在 EMCV 感染中是有益的；但是

TLR3 信号在许多其他病毒的感染过程中似乎有害。例如，与野生型小鼠相比，TLR3 缺陷小鼠可耐受致命剂量的西尼罗病毒（WNV）[82]。这项研究发现，TLR3 驱动的炎性细胞因子可促进西尼罗河病毒通过血脑屏障。这导致了中枢神经系统中更高的病毒载量以及神经病理学意义上的病情恶化。同样，TLR3 在蓬塔托罗病毒（PTV）感染中发挥病理学作用[83]。与 TLR3 缺陷型小鼠相比，野生型小鼠在 PTV 攻击后存活率显著降低，其肝损伤也有所加重。尽管血清和肝脏病毒载量相似，野生型小鼠 IL-6、IFN-α、CCL2 和 CCL5 水平升高，表明这些促炎分子可能介导了研究人员观察到的大部分损伤。有趣的是，虽然 TLR3 信号增加炎症反应并降低甲型流感病毒（IAV）的肺滴度，但它会最终导致存活率下降。因此，在 IAV 感染过程中，致死率似乎与 TLR3 信号相关性更高，而并非病毒直接诱导的损伤。

四、TLR4

众所周知，TLR4 介导的针对 LPS 的应答反应在控制革兰氏阴性细菌感染的先天免疫应答中发挥关键作用。它也是第一个已知对病毒病原体有应答反应的 TLR。2000 年，Kurt-Jones 等报道了呼吸道合胞病毒（RSV）融合（F）蛋白与 TLR4 的相互作用[68]。TLR4 在人类病毒性疾病和 RSV 发病机制中的重要性已在遗传学研究中得了证实。在人体中，TLR4 存在两种不同的单核苷酸多态性（SNPs），它们与对 LPS 和 RSV F 蛋白的反应降低有关。在高危婴儿中发现 RSV 感染与低反应 TLR4 SNPs 遗传高度显著相关。另一项研究也证实了这一发现，该研究也发现这些相同的 TLR4 SNPs 与婴儿 RSV 疾病严重程度之间的显著关联。

有研究人员在 TLR4 缺陷小鼠 C57BL10ScNCr（含有 TLR4 的基因区域缺失）和 C3H/HeJ 小鼠（TLR4 的非信号点突变）中进行了 TLR4 表达与 RSV 发病机制关联性的初步研究[68,84]。这些研究发现 RSV 在感染早期以依赖 TLR4 的方式激活 NF-κB。最初用 ScNCr 小鼠进行的 RSV 感染研究存在争议，因为有人认为是由于 IL-12R 信号通路的缺陷导致无法限制 RSV 感染。然而，不同研究之间的这种差异部分是由于对小鼠命名的混淆导致的，因为最初研究中使用的 ScNCr 小鼠具有正常的 IL-12R，而第二组使用的 ScCR 小鼠具有 IL-12R 缺陷。最近在 B6 背景下（与正常的 IL-12R 一起）使用 TLR4 靶向敲除的研究证实了 TLR4 在不依赖 IL-12R 的情况下抑制 RSV 复制方面的作用。但有趣的是，这些研究也揭示了 TLR2 在抑制 RSV 复制方面具有更重要的作用。纯化的 RSV F 蛋白在人外周血单核细胞（PBMCs）和

野生型小鼠巨噬细胞中诱导 IL-6 的产生，并呈剂量依赖性。但是，在 TLR4
敲除的巨噬细胞中，这种反应消失了[71]。Vogel 及其同事的研究发现，RSV
F 蛋白激活 TLR4 的能力对于预防 RSV 诱导的病理至关重要。事实上，福尔
马林灭活的 RSV 疫苗在临床试验中导致疾病加重，并被发现含有一种变性
的、非刺激性的 F 蛋白。福尔马林灭活的 RSV 疫苗的疾病增强活性可以通
过添加 MPL（一种无毒脂质 A TLR4 激动剂）逆转。疾病的严重程度也与在
组织修复中起关键作用的 "交替激活"（AA）-巨噬细胞的缺失相关[85]。
结合人类和小鼠遗传学，这些研究表明 TLR4-F 蛋白相互作用可能通过减轻
或重编程宿主反应来促进 AA-巨噬细胞，从而促进愈合，进而保护宿主免
受严重的 RSV 疾病。

TLR4 对逆转录病毒小鼠乳腺肿瘤病毒（MMTV）的感染也很重要。
MMTV 可激活 NF-κB，并诱导野生型 B 细胞中 B220 和 CD69 的淋巴细胞激
活标记物，但对 C3H/HeJ 或同源 BALB/c（c. C3H Tlr4^{lps-d}）系无激活作用。
包膜（Env）蛋白可激活 TLR4，进而刺激 IL-10 的产生。令人惊讶的是，
TLR4 信号的诱导似乎有利于 MMTV。首先，它激活静止的 B 细胞，促进细
胞分裂，这是病毒基因组整合在宿主染色体的必要条件。其次，它促进
IL-10 的分泌，IL-10 是一种免疫抑制细胞因子，可以帮助病毒持续
存在[86]。

五、TLR7 和 TLR8

TLR7 和 TLR8 是两个密切相关的受体，它们与 TLR3 一样，在核内体中
起作用。人类 TLR7 和 TLR8 首次被证明对咪唑喹啉类化合物雷西莫特（Re-
siquimod）（R-848）有反应，这是一种因其抗病毒和抗肿瘤活性而被众所
周知的合成药物。现在我们知道，几乎任何长单链 RNA（ssRNA）都能够
激活 TLR7 和 TLR8。尽管如此，这些受体之间确实存在差异。例如，包含
某些基序的短双链 RNA 优先激活 TLR7。此外，人工合成的对 TLR7 或 TLR8
发挥特异性作用的激动剂能够差异激活先天免疫细胞，导致产生不同的细胞
因子谱。2004 年，Diebold 等表明 TLR7 介导 pDCs 产生 IFN-α，以响应活的
或热灭活的流感病毒[87]。这种 TLR7 反应可通过识别纯化的基因组 ssRNA
而诱导产生，并可通过氯喹（一种内溶酶体酸化抑制剂）完全消除。因此，
作者提出了一个现在被称为外源性途径的模型。通过该模型，pDCs 吞噬并
降解一部分入侵的流感病毒粒子，导致 TLR7 结合暴露的基因组 RNA。当
pDCs 感染水泡性口炎病毒（VSV）时，可观察到类似的依赖 TLR7 的 I 型

干扰素反应[88]。在正常情况下，流感病毒和 VSV 病毒都需要内吞作用才能入侵细胞。然而，Lund 等利用能够融合到质膜上的 VSV 重组菌株，证明 VSV 激活 TLR7 与病毒进入途径无关。TLR7 在 pDC 合成 IFN-α 以应对仙台病毒（SV）（这是从质膜进入的另一种 ssRNA 病毒，）感染的过程中发挥作用。有趣的是，使用人 U937 和小鼠 RAW 264.7 骨髓系为模型对 SV 的研究发现，TLR 信号在细胞因子和趋化因子产生过程中只起部分作用。最近的证据表明，胞质 RLR 受体主要负责除 pDCs 以外的髓系细胞对 SV 的细胞因子和干扰素反应[89]。

第二节　RIG-Ⅰ样受体家族

RIG-Ⅰ样受体（RLR）家族由三个含有 DExD/H 区的 RNA 解旋酶组成，分别是视黄酸诱导基因蛋白（RIG-Ⅰ）、黑色素瘤分化相关因子-5（MDA-5）、遗传和生理实验室蛋白-2（LGP-2）。RIG-Ⅰ 和 MDA-5 都由串联的 N 端 Caspase 激活和招募结构域（CARDs），以及具有 ATP 酶活性的 DExD/H box RNA 解旋酶结构域和 C 端阻遏结构域（RD）组成。与 RIG-Ⅰ 和 MDA-5 不同，LGP-2 缺乏 N 端 CARD 结构域，只包含 RNA 解旋酶结构域。因此，人们认为 LGP-2 作为其他 RLR 的负调控因子。在静息条件下，RIG-Ⅰ 以一种钝性体的形式驻留在细胞质中，并被其调控域自动抑制。在病毒感染时，RIG-Ⅰ 发生构象变化，以 ATP 依赖的方式形成二聚体。激活的 RIG-Ⅰ 或 MDA-5 以多聚体形式通过 CARD-CARD 相互作用与下游适配器蛋白线粒体抗病毒信号蛋白（MAVS），也被称为 VISA、IPS-1 和 CARDIF 发生相互作用。MAVS 定位于线粒体膜的外小叶，这是支持下游信号传导的一个重要位置。最近，MAVS 也被证明定位在过氧化物酶体上，通过转录因子 IRF-1 直接诱导一系列抗病毒基因来诱导早期抗病毒反应。当 RIG-Ⅰ 或 MDA-5 与 MAVS 结合时，MAVS 激活 IKK 相关激酶 TBK1/IKKi，TBK1/IKKi 激活 IRF-3/IRF-7，导致 Ⅰ 型干扰素的转录。MAVS 也通过招募 TRADD、FADD、Caspase-8 和 Caspase-10 来激活 NF-κB。

在包括成纤维细胞、上皮细胞和传统的树突状细胞在内的许多细胞类型中，RLR 是抗病毒防御途径的关键组成部分。最初，人们认为 RIG-Ⅰ 和 MDA-5 都能够识别人工合成的 dsRNA Polyinosinic Acid（poly Ⅰ∶C）。然而，对 RIG-Ⅰ 和 MDA-5 缺陷小鼠的研究表明，在 poly Ⅰ∶C 刺激机体产生干扰素过程中 MDA-5 独自发挥作用。相反，RIG-Ⅰ 能够识别无帽子结构的 5′-

三磷酸化的 ssRNA，这是许多病毒基因组的共同特征。然而，它无法从宿主细胞中识别具有帽子结构的 5'-ppp ssRNA。这些发现表明 RIG-I 利用转录本的 5'端区分病毒和宿主 RNA。而 MDA-5 区分病毒和宿主 RNA 的标准不是它的 5'端，而是 RNA 序列的长度；长链 dsRNA 并非天然存在于宿主细胞中，而是以 MDA-5 配体的形式存在。除识别 5'-三磷酸 RNA 外，RIG-I 还能够识别短 dsRNA，这是病毒复制的副产品。

RIG-I 和 MDA-5 似乎可以分别识别不同种类的 RNA 病毒。对 RIG-I 缺陷小鼠的研究表明，RIG-I 在水疱性口炎病毒（VSV）、狂犬病毒、SV、新城疫病毒（NDV）、RSV、麻疹病毒、甲型和乙型流感、丙型肝炎病毒（HCV）、日本脑炎病毒和埃博拉病毒的识别中发挥重要作用。

对 MDA-5 缺陷小鼠的研究表明，MDA-5 能够识别 EMCV、Theiler 病毒和 Mengo 病毒。所有这些病毒都不包含 5'-三磷酸 RNA，但能够产生长链 dsRNA，进一步证明 MDA-5 根据序列长度而不是 5'-三磷酸盐来区分宿主 RNA 和病毒 RNA。最近的研究表明，CVB 和脊髓灰质炎病毒都依赖于 MDA-5 产生 I 型 IFN。此外，一些病毒，如登革病毒、西尼罗河病毒和呼肠孤病毒，可被 RIG-I 和 MDA-5 复合体识别。

如前所述，LGP-2 缺乏 N 端 CARD 结构域，最初被认为是 RLR 功能的负调控因子。最初的研究发现，过表达 LGP-2 会降低 SV 和 NDV 诱导干扰素的能力。有证据表明，LGP-2 可以通过 RD 区与 RIG-I 互作，这导致了 LGP-2 直接阻止了 RIG-I 的关联和激活。支持这一观点的一项研究结果显示，在对 poly I : C 反应的 LGP-2 缺陷小鼠中发现干扰素信号通路增加，这也为 MDA-5 的负调控提供了证据。另一项以 LGP-2 缺陷小鼠以及 DExD/H-box RNA 解旋酶域中 ATP 酶丧失活性的小鼠为实验模型的研究结果表明，在 RIG-I 和 MDA-5 特异性 RNA 病毒感染后，LGP-2 可作为正调控因子调控 RIG-I 和 MDA-5 通路的信号传导。

第三节　DDX3

DDX3 是 DExD/H 区 RNA 解旋酶家族的另一个成员，最近的研究表明，该蛋白与抗病毒防御有关。Schroder 等发现痘苗病毒蛋白 K7 通过与 DDX3 结合抑制 IFN-β 的诱导，表明 DDX3 在 RLR 信号通路中具有正向作用。最近的一项研究报道，DDX3 结合 poly I : C 和进入细胞质的病毒 RNA，并与 MAVS/IPS-1 互作，上调 IFN-β 的产生。这些结果使得作者推测 DDX3 可能增强 RNA 识别,与 RIG-I 和 MAVS 形成复合物诱导干扰素产生。目前尚需进一步研究揭示 DDX3 究竟是一个真正的 RNA 感受器还是 RLR 信号通路的组成部分,以充分了解 DDX3 在抗病毒监测和信号转导中的作用。

第四节　DHX9（RHA）

最近的一项研究提出 DHX9 可能是一种病毒感染期间的 RNA 感受器(182)。重组 DHX9 可以在体外与 poly I：C 结合。有研究报道,DHX9 表达缺陷型细胞接种呼肠病毒和 IAV 时,IRF 的激活受到抑制,且干扰素和促炎细胞因子的合成减少。奇怪的是,研究发现内源性 DHX9 与静息和 poly I：C 刺激的 cDCs 中的 MAVS 而非 RIG-I 发生互作。这些结果表明 DHX9 作为 RNA 感受器的潜在作用,但不排除通过其他方式调节病毒诱导的细胞因子合成的可能性,例如,DHX9 可通过稳定 RNA 配体与 RLR 通路组分的互作发挥功能。有研究证明,DHX9 在 Alu 转座子插入过程中与 ADAR1 发生相互作用进而解开 dsRNA 结构。鉴于最近发现 ADAR1 在修饰细胞 RNA 以阻止 RNA 激活 MDA-5 方面的功能,DHX9 可能参与了病毒感染期间用于 RLR 感知的 RNA 类物质的加工。

第五节　细胞质 DNA 感受器

通过内吞作用进入细胞后,许多 DNA 病毒通过细胞质到达细胞核,并在那里释放它们的基因组物质。病毒衣壳具有保护 DNA 基因组的作用,在病毒 DNA 进入细胞核之前不会被丢弃。因此,细胞质中的 DNA 感受器如何在生理条件下检测病毒 DNA 是值得探讨的问题。对于天花病毒（在细胞质中复制）和多瘤病毒 40（衣壳被包裹在内质网中,其基因组 DNA 被释放到细胞质中）等病毒来说,这个问题更容易回答。因此,这些病毒可以在细胞质中触发 DNA 感应通路。然而,许多病毒,如疱疹病毒,只在细胞核内释放 DNA；因此,一定存在某种机制使它们的 DNA 泄漏到细胞质中。对疱疹病毒 DNA 的一种解释是,它可能来源于细胞质中有缺陷的病毒粒子,并最终由细胞质 DNA 感受器所识别。在 HCMV 和 HSV-1 感染过程中,衣壳蛋白可发生泛素化修饰并在巨噬细胞中被蛋白酶体降解,导致它们的 DNA 释放到细胞质中[90]。疱疹病毒也可能发生细胞应激依赖的 mtDNA 泄漏,激活 cGAS-STING 通路。

细胞质 DNA 感受器包含一系列不同的 PRRs，可以感知病毒核酸，并诱导 Ⅰ 型干扰素/炎症细胞因子的合成，或促进 Caspase-1 依赖的 IL-1β 的分泌。由于宿主主要的抗病毒防御策略是合成 Ⅰ 型 IFN，这通常是细胞质中 DNA 被识别后的主要结果。通过多年的深入研究，人们已经发现了多种细胞质 DNA 受体，如 DAI、RNA 聚合酶Ⅲ、cGAS、AIM2 和 IFI16，这些受体通过汇聚于一个共同的 STING-通路诱导 Ⅰ 型 IFN 合成。STING 是由线粒体外膜和内质网表达的一种跨膜蛋白，它与 TANK-Binding Kinase 1 (TBK1) 共定位，负责磷酸化激活 IRF-3 和 IRF-7。STING-TBK1 轴在驱动干扰素反应和宿主抵抗 DNA 病毒感染方面起关键作用[91]。

第六节　cGAS-STING 途径

cGMP-AMP 合成酶（cGAS）是核苷酸转移酶（NTase）家族的成员，是能够特异性识别 DNA 的核苷酸转移酶，具有胞质 DNA 感受器的功能[92]。已知 cGAS 可以识别多种 DNA 病毒，包括痘苗病毒、HSV-1 和 HSV-2、巨细胞病毒、腺病毒、人乳头瘤病毒和小鼠 γ 疱疹病毒。这些病毒通过 cGAS-STING 途径诱导 Ⅰ 型干扰素合成。据报道，cGAS 还可识别逆转录病毒，如小鼠白血病病毒、猿类免疫缺陷病毒（SIV）、人类免疫缺陷病毒（HIV）、西尼罗病毒、水疱性口炎病毒（VSV）和登革病毒[93]。此外，还可识别革兰氏阳性菌和革兰氏阴性菌。它通过直接与 DNA 结合而被激活，进而诱导液-液相分离产生可作为微生物反应器发挥作用的液滴。在这些液滴中，cGAS 的浓度增高，从而促进利用 ATP 和 GTP 的 cGMP-AMP（cGAMP）的合成[94]。cGAMP 在 GMP 的 2′-羟基和 AMP 的 5′-磷酸之间，以及 AMP 的 3′-羟基和 GMP 的 5′-磷酸之间具有独特的磷酸二酯键，形成独特的 2′,3′-cGAMP 异构体[95]。cGAMP 与 STING 结合产生 STING 的二聚体、四聚体和高阶低聚体，并激活 STING 进而诱导合成 Ⅰ 型 IFNs 和 NF-κB 依赖的促炎性细胞因子。

自身和外来的 DNA 均可激活 cGAS，并诱导其酶活性所必需的结构构象变化。它能与接近 20bp 的 DNA 结合，但与大于 45bp 长度的 dsDNAs 结合可形成更稳定的 cGAS 阶梯状二聚体结构，该结构具有更强的酶活性[96]。cGAS 与 dsDNA 和 ssDNA 的结合亲和力分别为 $K_D = 87.6nmol$ 和 $K_D = 1.5mmol$[97]。许多研究小组已经解析了 cGAS 单体或 DNA 结合 cGAS 的结构，这为解析通过 DNA 结合激活 cGAS 及其酶活性的机制方面奠定了重要的基础。在与 DNA 结合时，cGAS 显示了大量的构象变化，这导致了二聚化，并开放其催化位点。cGAS 的催化活性结构域具有双裂片结构，其中 N 端裂片呈典型的 NTase 折叠，而 C 端裂片呈紧密的五螺旋束。这两个裂片之间的深沟包含谷氨酸 225、天冬氨酸 227 和天冬氨酸 319 这三个催化残基，它们对 cGAS 的酶活性至关重要，因为有研究证实将其突变可破坏酶活性[96]。CGAS 的 C 端区域包含一个保守的锌带结构域，对其活性至关重要。在 cGAS 二聚体中，锌结合环的残基之间的氢键连接 cGAS 的两个分子。cGAS 在与 DNA 结合之前不活跃，因为它的活性位点呈现出混乱的结构，而 NTase 结构域是不稳定的。猪和小鼠 cGAS-dsDNA 复合物的结构表明，cGAS 和 dsDNA 以 1∶1 的化学计量结合，并通过单一结合位点发生相互作用。然而，另外两项研究报道了一个 2∶2 复合物，其中每个 cGAS 分子通过两个结合位点与两个 dsDNA 分子结合，其中一个结合位点与之前的研究报道相同，而另一个则是新报道的。两个 DNA 结合位点都含有多个带正电荷的残基，并与 dsDNA 形状和电荷互补。cGAS 活化后，经两步催化反应生成 cGAMP，以及中间产物 pppGpA，然后该中间产物环化生成 cGAMP。当 cGAMP 与 STING 结合时，构象发生变化，使 STING 的两端并列重叠在一起，配体深埋在结合口袋中。上述结合口袋具有一个由四股反向平行的 β 折叠链组成的顶盖，这四股链确保了上述结构具有稳定的构象。当 cGAMP 和 STING 结合时，STING 二聚体并排封装生成 STING 低聚体使结合口袋内旋转 180°[98]。

已有多项研究报道 cGAS 存在于细胞核中，然而，最近有人提出，染色质与 cGAS 紧密结合会抑制细胞核中对自身 DNA 的自反应性。cGAS 与核小体结合的催化结构已经被许多研究小组破解，这表明 cGAS 在细胞核中的功能被抑制是组蛋白 2A-2B 相互作用而介导的，而非通过与核小体 DNA 结合介导。cGAS 和组蛋白之间的相互作用 cGAS DNA 结合位点 B 内嵌，从而抑制活性 cGAS 二聚体的形成。Kujirai 等报道了两个 cGAS 分子桥接两个核小体核心粒子（NCP）的冷冻电子显微镜结构。这一结构表明 cGAS 激活所需的三个已知的 cGAS DNA 结合位点变得不可靠近，cGAS 二聚体也受到抑制[99]。Boyer 等报道了另一种 cGAS 与单个核小体结合的结构。这种结合在空间上消除了 cGAS 的寡聚作用，从而产生具有功能活性的 2∶2 cGAS-dsDNA 复合物[100]。这些最新的发现为阐明 cGAS 在细胞核内如何维持抑制状态提供了重要的信息。

STING 包含 4 个跨膜螺旋（TM1~TM4），1 个先前被命名为 TM5 的折叠可溶性结构域，以及 1 个大胞质结构域（173～379 位氨基酸）。STING 通过与 Ca^{2+} 感受器基质相互作用分子 1（STIM1）相结合，留在内质网中；但是，一旦与 cGAMP 结合，便可通过细胞质外壳蛋白复合物Ⅱ（COPⅡ）和 ADP-核糖化因子（ARF）GTPases 的作用，介导其从内质网到内质网-高尔基体隔层（ERGIC）和高尔基体腔输送。STING 可在高尔基体中发生棕榈酰化修饰，对其激活至关重要。在被转运到高尔基体后，STING 与 TBK1 结合，使其 C 端末端发生磷酸化，这是与 IRF-3 对接的位点。TBK1 也可使 IRF-3 发生磷酸化并将其激活，激活的 IRF-3 二聚化并转移到细胞核调节干扰素-β（IFN-β）的转录，进而激活由 IFN-α 受体 1（IFNAR1）和 IFNAR2 组成的异二聚受体复合物，最后激活 Janus 激酶（JAK）-信号转导和转录激活因子（STAT）信号通路，刺激多种 ISGs 转录，这些 ISGs 的蛋白产物最终阻断病毒复制、组装和释放[101]。cGAS-STING 通路下游的程序性细胞死亡，主要是凋亡也被激活。此外，cGAS-STING 通路也可诱导坏死[102]。

第七节　STING DNA 感受器

有研究证实 STING 可以直接与 DNA 结合，但 STING 与 DNA 结合的生理相关性尚不完全清楚。有研究报道，STING C 端 181～379 位氨基酸可以不受其他蛋白的约束与 dsDNA 结合；然而，STING 与 dsDNA 结合的亲和力仅为 $K_D = 200～300mmol$，明显低于 cGAS 与 DNA 的结合亲和力（$K_D = 88nmol$）。此外，在敲除内源性 STING 的 HEK293T 细胞中，表达外源性 STING 后通过 dsDNA 刺激并不能合成 IFN-β，这表明 STING 不能在细胞中发挥 DNA 感受器的作用[103]。因此，还需要进一步的研究来验证 STING 是否是一种 DNA 感受器。

STING 多态性可能与新型冠状病毒病（COVID-19）的发病机制有关。目前没有数据可以确定 COVID-19 是否会在感染早期改变 STING 的激活状态；然而，在感染的第二阶段，大量受损的宿主 DNA 可激活 STING，最终导致细胞因子风暴，这是 COVID-19 的典型特征[104]。

第八节　DAI

DNA 依赖的 IRFs 激活因子（DNA-dependent Activator of IRFs，DAI，也被称为 ZBP1 或 DLM1）是 Takaoka 等鉴定的第一个假定的 DNA 感受器，并

发现它通过 TBK1 介导 IRF-3 激活，诱导产生 I 型 IFNs[105]。DAI 过表达导致 DNA 诱导的 I 型 IFN 合成升高，而通过 RNAi 抑制 L929 细胞中 IFN 的诱导被抑制。尽管第一次报道将 DAI 指定为病毒 DNA 的细胞质感受器，但后来使用 DAI 缺陷的小鼠胚胎成纤维细胞和小鼠的研究发现它们诱导了正常的 IFN 反应[106]。因此，DAI 可能作为一个重要的细胞质 DNA 感受器或具有细胞类型特异性；尽管如此，将来还需进一步研究以完全揭示其作为 DNA 感受器的功能。DAI 的 N 末端结构域由 2 个串联的 Z-DNA 结合域（ZBDs 或 Zα 和 Zβ）和第三个 DNA 结合区（D3）组成，与右手性 B-DNA 结合的区域位于第二个 ZBD 附近。D3 结构域也被证明可以与 Z-DNA 结合。DAI 的 C 末端在激活后与 TBK1 相互作用。人类 DAI 的 Zβ 结构域（hZβ$_{DAI}$）的晶体结构显示，它与其他 ZBDs 具有相同的折叠性，但选择了一种独特的结合模式来识别 Z-DNA。与其他 ZBDs 中 β-环的残基相比，hZβ$_{DAI}$ 中第一 β 链的残基有助于与 DNA 的结合。这一结构还揭示了 DAI 的两个 ZBD 可以同时与 DNA 结合，并且需要 B 到 Z 的完全转换。可以预期，两种 ZBD 与相同的 dsDNA 结合可能有助于 DAI 的二聚化。hZβ$_{DAI}$ 的核磁共振结构显示其晶体结构发生了构象偏差，例如，β 折叠翼运动使 β 环与识别螺旋的 Z-DNA 运动分离。α3 识别螺旋的 N 端含有带电残基，这对识别 DNA 的 B- 和 Z- 构象似乎很重要[107]。

第九节　AIM2 和 IFI16

　　AIM2 和 IFI16（或 IFI204 小鼠同源物）同属于 ALR 家族。虽然 ALR 家族由人类基因组中的 4 个基因和小鼠基因组中的 14 个基因组成，但 AIM2 和 IFI16 是研究最深入的两种 ALR 蛋白。而且 AIM2 在感知 dsDNA 后激活炎症小体的作用极大增加了人们对该蛋白的兴趣。炎性小体是多聚体蛋白，可诱导 Caspase-1 的激活、成熟，IL-1β/IL-18 的释放，以及由于 Gasdermin D 的裂解而导致的一种被称为细胞焦亡的溶解性细胞死亡。AIM2 蛋白由两个结构域组成，一个是红细胞 IFN 诱导核蛋白（HIN）结构域和一个热蛋白结构域（PYD）。而 IFI16 有两个 HIN 结构域（HIN-A 和 HIN-B），以及一个 PYD。IFI16 的 HIN 结构域的晶体结构显示两个连接在一起的寡核苷酸/寡糖结合（OB）折叠结构域。AIM2 HIN 结构域可识别细胞质 DNA，通过 PYD-PYD 相互作用招募包含 Caspase 募集结构域（ASC）的接合蛋白凋亡相关斑点样蛋白。进而通过 Caspase 募集结构域

（CARD）相互作用和炎症小体激活募集 Caspase-1。人们已成功解析了 HIN 结构域与 DNA 结合的结构，证实了 HIN 结构域可与 B 型 DNA 结合。研究还表明 HIN-DNA 相互作用是 DNA 序列非依赖性，dsDNA 的糖主链和带正电的 HIN 域之间的静电相互作用可促进两者结合[108]。目前尚不清楚 AIM2 是如何通过负调控来阻止自发激活的。有研究提出了一个模型，AIM2 PYD 和 HIN 域通过电荷相互作用而相互结合，并形成一个复合物，在 DNA 缺失的情况下关闭受体，并阻断与 ASC 的相互作用使 AIM2 炎症小体自发激活。然而，最近的一项研究提出，PYD-HIN 域并未发生相互作用，表明这一过程可能不是由自抑制调节的。蛋白质寡聚的最佳 dsDNA 大小为 300 个碱基对，这可能是 AIM2 炎症小体激活的主要调控机制之一[109]。

炎症小体控制宿主免疫反应和自身免疫性疾病。事实上，AIM2 受体在感染细菌病原体（如土拉弗朗西斯菌、肺炎链球菌、结核分枝杆菌和金黄色葡萄球菌）、真菌病原体（如烟熏杆菌）和 DNA 病毒（如牛痘病毒和 CMV）时是必不可少的。在细胞内细菌感染过程中，ISGs 如鸟苷酸结合蛋白（GBPs）和由 IRF－1 调控的免疫相关 GTPase 家族成员 b10（IRGB10）需要释放细菌 DNA 以供 AIM2 感知。反之，已知 DNA 病毒 HSV-1 可以诱导 NLRP3 炎性小体激活，但不能诱导 AIM2 炎性小体。HSV-1 蛋白 VP22 通过与 AIM2 的 HIN 结构域相互作用阻断 AIM2 炎症小体的寡聚和激活，从而抑制其寡聚和激活。这一机制揭示了 AIM2 炎症小体激活的潜在开关。然而，HIN 结构域与 VP22 的相互作用如何抑制 AIM2 的激活还需要进一步研究。同样，在人 CMV（HCMV）感染过程中，pUL83 病毒蛋白与 AIM2 相互作用，抑制 AIM2 炎症小体的激活，但相互作用的区域仍不清楚。

IFI16 在炎症小体激活中的作用存在争议。此前，IFI16 被证明在人源细胞中诱导炎症小体激活以抵抗卡波西肉瘤相关疱疹病毒（KSHV）感染[110]。IFI16 似乎在细胞核中可以直接识别 KSHV 的 dsDNA，形成一个炎症小体复合体，然后转位到细胞质中。此外，通过激活 CD4 T 细胞中的 Caspase-1，IFI16 对 HIV 感染介导的焦亡是必需的[111]。除在炎症小体中的作用外，研究证明人源 IFI16 和小鼠源 IFI204 可以调节 I 型 IFN 的表达以对抗感染或促进 p53 的激活以抵抗电离辐射。

IFI16 被认为通过识别 HSV-1 的 DNA 促进 IFI16-STING 介导的 TANK-Binding Kinase（TBK1）和 DEAD-box 多肽 3（DDX3）的招募、激活 IRF-3 和 NF-κB 通路以及 NF-κB 的产生。在角质形成细胞中，IFI16 与 DNA 结合

诱导 TNF-α 或 IL-1β 处理的细胞与 TBK1 和 STING 共定位，进一步支持 IFI16-STING 可能是一种独特的 DNA 感应通路[112]。此外，HSV-1 对 AIM2 激活的抑制作用和 cGAS 介导的 dsDNA 识别可以解释为什么 IFI16-STING 信号通路在 HSV-1 感染过程中的重要性。HSV-1 VP22 蛋白不仅抑制 AIM2 的活性，而且似乎也抑制了 cGAS 介导的病毒 DNA 识别。除 VP22 外，HSV-1 毒株 UL41 被证明可以通过产生一种能降解 cGAS mRNA 的病毒 RNase 来进一步抑制 cGAS[113]。最近，在 dsDNA 转染过程中缺乏所有 ALR 感受器的小鼠模型和 Aircardiu-Goutieres 综合征模型中，排除了所有其他 AIM2 样受体（包括 IFI204）在 I 型 IFN 产生过程中的作用[114]。

第十节　TLR9

Toll 样受体 9 （TLR9）是最早被发现的 DNA 天然免疫感受器之一，由富含亮氨酸的重复（LRR）结构域和 Toll/IL-1 受体（TIR）结构域组成。TLR9 最早发现小鼠巨噬细胞中，随后被发现于人源细胞中[115]。与大多数其他 TLR 家族成员一样，TLR9 的 TIR 结构域是信号转导蛋白 MyD88 募集所必需的。TLR4 利用 MyD88 和含有 TIR 结构域的接头分子诱导 IFN-β（TRIF）接头蛋白，而 TLR3 仅通过 TRIF 信号即可完成这一过程。与 TLR3 和 TLR7 类似，TLR9 也是一种可以识别核酸的内体受体，但 TLR9 是唯一一种识别 DNA 的内体受体。

TLR9 可以识别未甲基化的胞嘧啶-磷酸鸟苷（CpG）形式的 DNA，这种 DNA 通常存在于细菌、病毒、真菌和寄生虫的基因组中。TLR9 在细菌性脑膜炎和由 EB 病毒、人类免疫缺陷病毒（HIV）、结核分枝杆菌、巨细胞病毒（CMV）、弓形虫、疟原虫和烟曲霉引起的感染中至关重要。不像脊椎动物的 DNA，其 CpG 二核苷酸通常是高度甲基化的，而微生物 DNA 甲基化程度低。人 TLR9 主要表达于 2 型树突状细胞（DC2）和 B 细胞，而小鼠 TLR9 表达于 DC2、DC1、B 细胞和巨噬细胞。未甲基化的 CpG-DNA 会触发 B 细胞活化，诱导细胞增殖和免疫球蛋白分泌[116]。CpG-DNA 通过 TLR9-MyD88 复合物发出信号，激活核因子（NF）-κB 通路和 IFN 转录因子 7（IRF-7）核易位，诱导炎症细胞因子和 I 型 IFN 合成。与 CpG-DNA 结合可使 TLR9 发生二聚化并将 MyD88 接头蛋白募集到内体膜。最近有研究人员已成功解析了 TLR9 的晶体结构，该结构解释了为什么 CpG-DNA 与 TLR9 结合需要酸化吞噬酶体。在核内体中，外结构域之间一个灵活的 Z-loop 区域被蛋白酶切割，这被认为是 TLR9 寡聚所必需的，而不是配体结合所必需的[117]。目前尚不清楚 TLR9 在核内体中的重要功能是否具有普遍性。

最近的一项研究发现 TLR9 和自噬机制之间也存在关联。CpG-DNA 刺激可通过 NF-κB 激酶亚基 α（IKKα）抑制剂、IL-1 受体相关激酶 1/4（IRAK1/4）、肿瘤坏死因子（TNF）受体相关因子 3（TRAF3）和 IRF-7 募集自噬成分轻链 3（LC3）和自噬相关 5（ATG5）转导信号进而驱动 I 型 IFN 的表达。观察表明，TLR9 内体信号可能在吞噬过程中发挥比先前所知更大的作用。通过 NF-κB 激酶亚基 α（IKKα）、IL-1 受体相关激酶 1/4（IRAK1/4）、肿瘤坏死因子（TNF）受体相关因子 3（TRAF3）和 IRF-7 的抑制剂来驱动 I 型 IFN 表达。研究显示，TLR9 通过非典型的 LC3 相关吞噬（LAP）途径从核内体发出信号，该途径不依赖 CpG-DNA 结合。这一观察结果表明，TLR9 内小体信号可能在吞噬过程中发挥的作用比先前认识到的更大[118]。

在 DC1 树突状细胞和巨噬细胞中，人们发现了另一条独立于 IRF-3/IRF-7 的 TLR9 介导的 IFN 表达通路。CpG-DNA 的刺激导致 MyD88 被招募合并与 IRF-1 发生互作，增加了 IRF-1 核转运和 IFN 刺激基因的表达（ISGs），并释放炎症细胞因子。这一途径最近被发现可以介导 IRF-1 依赖的 ISGs 表达，这是机体抗 A. fumigatus（一种真菌病原体，已知会主动招募 TLR9 到吞噬酶体）感染的先天免疫应答所必需的[119]。

此前的一项研究表明，缺乏 TLR9 的小鼠对系统性红斑狼疮（SLE）非常敏感，这是一种自身免疫性疾病，其特征是对 DNA 的免疫反应失调。此外，有人提出 TLR9 是免疫耐受所必需的，它能控制机体清除细胞碎片，并可降低内源性炎症介质的水平[120]，表明 TLR9 介导的自噬在 SLE 中具有保护作用。事实上，已知缺乏 LAP 途径的小鼠会出现类似于 SLE 的综合征。重要的是，由于能够识别自身 DNA，人类 TLR9 多态性也促进了 SLE。这些多态性是否会丧失对甲基化的 CpG-DNA 的特异性识别还需要进一步的研究。TLR9 抑制自反应性 B 细胞受体（Self-reactive B-cell Receptor, BCR）激活的另一个重要机制是可以通过含 BCR-/TLR9 的核内体协同信号传导，使自反应性 B 细胞发生凋亡；但是，这一功能在 SLE 患者体内似乎被抑制了[121]。

第十一节　DExD/H-Box 解旋酶家族

　　DExD/H-Box 解旋酶家族中有许多 RNA 和 DNA 解旋酶参与了 DNA 介导的 I 型 IFN 合成。该家族中有两个亚组，分别是 DEAH-box 解旋酶（DHX）和 DEAD-box 解旋酶（DDX）。DEAD/H（Asp-Glu-Ala-Asp/His）box 多肽 9（DHX9）和 DHX36 参与识别髓系 DC 细胞中的 dsRNA 和人 pDCs 细胞中 CPG-rich DNA。DHX9 在人 pDCs 中通过 MyD88 调控 TNF-α 的表达并诱导激活 NF-κB，而 DHX36 通过 MyD88 诱导 IFN-α 的产生和激活 IRF-7。DDX60 可同时识别 dsRNA 和 dsDNA，介导 CXCL10 和 IFN-β 表达，并能增强来自 RIG-I 和 MDA-5 的信号。

第十二节　DDX41

　　DEAD（Asp-Glu-Ala-Asp）区多肽 41（DDX41）是一种细胞内 DNA 感受器。有报道称，DDX41 能够检测到感染人骨髓源 DC 和小鼠骨髓源 DC 细胞的 HSV-1 和腺病毒 DNA；并能通过 DNA 的 DEAD 区域感知 DNA 后，通过 STING-TBK1 信号通路诱导 I 型 IFN 应答反应。DDX41 在体外限制 IFI16 的本底表达后，作为初始细胞质 DNA 感受器诱导 IFN 表达；因此，可以推断不同的 DNA 感受器的表达模式可能定义它们的先天反应模式[122]。

　　DDX41 由一个无序的 N 端区域、一个解旋酶结构域和一个 DEAD 结构域组成。这两个区域在 DEAD-box 家族成员中是保守的，它们包含多个保守的基序，如模体 I 和模体 Q，它们对 ATP 结合至关重要。

　　目前已知的 DDX41 的晶体结构是基于截短的 hDDX4 蛋白获得的，揭示了在其他 DEAD-box 家族蛋白中发现的 α/β 折叠。在整体结构中有 10 个 α 螺旋（α1~α10）和一个由 8 个 β 链（β1~β8）组成的 β 折叠。螺旋 α1~α5 位于 β 折叠的一侧，而螺旋 α6~α10 位于 β 折叠的另一侧。与 dsDNA 结合促进了 DDX41 与 STING 的相互作用，最终诱导 I 型 IFN 合成。dsDNA 结合 DEAD 域的对接模型表明，DNA 结合位点包括存在于 C 端区域的精氨酸 267、赖氨酸 304、酪氨酸 364 和赖氨酸 381[123]。

　　虽然有多项研究报道 DDX41 是一种 DNA 传感器，但也有一些研究报道，在 DNA 病毒感染或 DNA 刺激下，RNAi 敲低 DDX41 表达几乎不影响 IFN-β 的合成；因此，有必要进一步深入研究 DDX41 作为 DNA 传感器的确切功能。

第十三节　Pol Ⅲ

RNA 聚合酶Ⅲ（Pol Ⅲ）是另一个有趣的病毒和细菌 DNA 的胞质感受器[124]。这种聚合酶能够结合并转录不同病毒的 AT-rich 基因组。产生的 5′pppRNA 转录本，长度约 70nt，可被 RIG-Ⅰ 识别和结合，并将信号向 MAVS、TBK1 和 IRF-3 传导，进而在被感染的细胞中诱导 IFN-α 和 IFN-β 基因表达[125]。Pol Ⅲ 可识别常见 DNA 病毒的基因组，如巨细胞病毒、痘苗、单纯疱疹病毒-1 和水痘带状疱疹病毒。Pol Ⅲ 在先天免疫中的重要性体现在痘苗病毒能够抵消其 E3 蛋白对聚合酶的刺激，揭示了宿主-病原体的深层协同进化[126]。然而，聚合酶在病毒基因组中精准定位其起始点并启动 RNA 合成的分子机制在很大程度上仍未可知。

Pol Ⅲ 可作为不同 DNA 病毒感受器的这一发现也引出了一个问题，即它是否具有识别入侵细胞外来核酸的普遍功能。之前的研究表明，Pol Ⅲ 以不依赖启动子的方式转录合成多聚（dA-dT）模板，所生成的 poly(A-U) 转录本在转染的细胞中可触发Ⅰ型 IFN 合成[127]。DNA 模板的高 AT 含量对 Pol Ⅲ 的转录至关重要，这可能是由于富 AT 区倾向于作为 RNA 聚合的启动物。相比之下，非多聚（dA-dT）dsDNAs 只能通过非 Pol Ⅲ 依赖的途径诱导Ⅰ型 IFN 合成。在细胞系和提取物中，Pol Ⅲ 也从合成的环状 DNA 寡核苷酸（称为 Coligos）开始转录。Coligos 模板转录始于单链区域，似乎发生在细胞质中[128]。事实上，大量研究已证实 Pol Ⅲ 具有启动 ssDNA 启动子转录的功能。此外，在转染的人类细胞系中，线性化或圆形质粒的存在引发了 Pol Ⅲ 在 tRNA 基因转录中的活性[129]。但是这些质粒是否具有功能性的 AT-rich 序列作为转录起始位点的结构仍不清楚。总之，Pol Ⅲ 在不同程度上可被少量外源 DNA、病毒或其他物质激活。

第三章　干扰素刺激基因

简单来说，ISG 或干扰素刺激基因指的是干扰素（Interferon，IFN）反应期间诱导的任何基因。其中包括所有 I 型 IFN（IFN-α、IFN-β、IFN-ε、IFN-κ、IFN-ω 等），II 型 IFN（IFN-γ）和 III 型 IFN（IFN-λ1、INF-λ2、IFN-λ3、IFN-λ4）。尽管 IFN-γ 也具有良好的病毒抑制特性，I 型和III 型 IFN 被认为是经典的抗病毒 IFN。IFN 结合同源细胞表面受体，I 型 IFN 的受体为 IFNAR1/IFNAR2 复合物，III 型为 IFNLR1/IL10R2 复合物，II 型 IFN 的受体为 IFNGR1/IFNGR2 复合物。I 型和III 型 IFNs 通过 JAK/STAT 通路激活异三聚体转录因子复合物 ISGF3，该复合物由磷酸化的 STAT1/STAT2 和 IRF-9 组成。II 型 IFN 也通过 JAK/STAT 通路发出信号，导致磷酸化的 STAT1 同源二聚体的形成，也被称为 IFN-γ 激活因子（GAF）。激活的 ISGF3 和 GAF 分别在 ISGs 的上游启动子区转运到细胞核并结合 IFN 刺激的响应元件和 γ-激活序列。因此，可以严格地将 ISGs 定义为 ISGF3 和 GAF 的直接靶标基因。

然而，这个系统还要复杂得多。许多所谓的 ISGs 也是干扰素调控因子（IRF-1、IRF-3、IRF-7）、NFκB 或 IL-1 信号转导的直接靶点[130]。即使在 IFN 信号缺失的情况下，这些 ISG 也能被诱导。更复杂的是，一些 ISG 诱导因子，如 IRF-1 和 IRF-7，本身也是 IFN 诱导的，可能存在多个通路可以诱导单个 ISG[131]。

虽然我们通常认为 ISGs 是 IFN 诱导的编码蛋白质的 mRNA（mRNAs），但需要注意的是，IFN 也可诱导无数非编码 RNA，包括长非编码 RNA 和小 RNA。最近的工作正在揭示这些 RNA 迷人的生物学特性[132]。此外，在 IFN 刺激过程中，大量基因也被抑制，尽管它们的特征不像 ISG 那样清楚。这些基因的命名也不固定，它们被称为干扰素抑制基因，并被标记为 IRGs 或 IRepGs[133]。如果 IRGs 被用来表示被抑制的基因，那么需要一个新的术语来描述 ISGs 和 IRGs 的总和，也许是干扰素调控的基因。然而，如果 IRG 更恰当地指所有受 IFN 调控的基因，那么我们就需要一个独特的术语来描述这些被抑制的基因，也许可以用干扰素下调基因（Interferon – Downregulated Gene, IDG）来表示。ISGs 承担着广泛的活动。PRRs、IRF 以及 JAK2、STAT1/2 和 IRF-9 等信号转导蛋白也是 ISGs，并加强 IFN 反应。许多 ISGs 通过直接靶向病原体生命周期所需的途径和功能来限制病毒、细菌和寄生虫感染。另外，ISGs 编码促凋亡蛋白，在一定条件下导致细胞死亡。

多年来，基于 IFN 的治疗方法已被应用于治疗慢性乙型和丙型肝炎病毒感染。更好地理解 ISG 功能将阐明其生物学特性，进一步影响抗病毒治疗效果。此外，开发一系列工具来对抗急性和新出现的病毒感染也很有意义。在这方面，识别和描述定向抗病毒效应 ISGs 有可能揭示进化选择的病原体防御机制，有助于开发新的治疗手段。

病毒为了完成生命周期，必须进入细胞，它们的基因组需要进行翻译和复制，然后离开以感染新的细胞。病毒生命周期的每个阶段都是 ISG 干预的潜在目标，确实有 ISG 针对每个阶段的例子。在此，重点介绍几种最近被定性为 ISGs 的抗病毒机制，特别是影响早期和晚期感染阶段的 ISGs。

第一节　黏液病毒抗性蛋白

黏液病毒抗性（Myxovirus Resistance, Mx）基因产物是最早被描述的病毒入侵抑制剂之一。人类细胞表达两种 Mx 蛋白，Mx1 和 Mx2（也分别被称为 Human MxA 和 MxB）。这两个 IFN 诱导的蛋白属于 Dynamin – like Large Guanosine Tri 磷酸酶（GTPases）的一个小家族，与 Dynamin GTPase 家族密切相关。

Mx1 具有广泛的抗病毒作用，并在病毒生命周期中入侵宿主后的早期阶段到基因组复制之前发挥作用。有证据表明，Mx1 可以捕获入侵宿主的病毒成分，如核衣壳，并阻止它们到达细胞内的目的地。人们最近解析了 Mx1 的结构，为其作用机制提供了新的见解[134]。与动力蛋白 GTPases 一样，Mx1 包含一个中间柄结构域和一个 GTPase 效应域，这两个结构域对于自寡聚和形成环状结构都是必不可少的，这些环状结构可通过与相互作用伴侣结合改变其构象。对于 Mx1 来说，这些结构的形成对其抗病毒活性很重要，因为破坏自寡聚的突变会使其丧失对 LaCrosse 和甲型流感病毒的抗病毒活性。在目前的 Mx1 介导的抑制模型中，病毒核衣壳被 Mx1 寡聚体环包围，由此产生的环-环相互作用激活 GTPase 活性，这可能将它们引导到降解位点。Mx1 靶向的病毒结构和抗病毒活性的精确机制目前尚不完全清楚[135]。

Mx2 最近被认为是一种抗逆转录病毒的效应蛋白。Mx2 过表达可有效抑制 HIV-1 和 HIV-2[136]，但对其他逆转录病毒家族成员或正黏病毒甲型流感抗病毒活性较低或无抗病毒活性。事实上，Mx2 对于 IFN-α 抗 HIV-1 活性必不可少。Mx2 作用于核进入阶段，阻止逆转录基因组到达细胞核内的目的地，从而最终抑制染色体整合。将核酸整合到宿主染色体上是 HIV-1 复制周期的一个关键过程。有趣的是，将 HIV-1 衣壳蛋白突变可使病毒能够抵抗 Mx2 介导的抑制，这表明 Mx2 特异性地抑制了衣壳进入细胞核的功能。

第二节　蛋白激酶 R

dsRNA 依赖的蛋白激酶 R（Protein Kinase R，PKR）在 Ⅰ 型和 Ⅲ 型 IFN 应答过程中上调，但仅以较低水平存在于所有组织中。PKR 是一种整合抗病毒蛋白，当其在细胞质中识别并结合病毒 dsRNA 时，可终止细胞内的蛋白质合成。该过程涉及 PKRs 的自磷酸化和二聚化，以及随后真核启动因子 2（eIF2α）翻译限制 α 亚基的磷酸化。此外，PKR 已被报道能够调节多种信号通路，或以激酶依赖的方式，或不依赖其酶活性发挥"支架样"功能，增强其抑制病毒表达、复制和繁殖的能力[137-138]。研究发现 PKR 在 IFN-β 的转录后调控中发挥关键作用，以响应胞质 RNA 传感器 MDA-5 的激活[139]，而不是 RIG-I 的激活；有趣的是，这是在其主要底物 eIF2α 未被激活的情况下发生的。在多种病毒被 MDA-5 识别后，PKR 对线粒体抗病毒信号蛋白（MAVS）的激活发挥至关重要的作用，有趣的是，PKR 的激活可以在 MDA-5 缺失的情况下诱导 IFN，而 MAVS 单独被证明在 PKR 驱动的 Ⅰ 型 IFN 上调中至关重要。

许多其他的研究也证实了 PKR 在先天免疫信号中的正向调控作用，揭示了 PKR 与 TNF 受体相关因子（TRAF）家族蛋白 TRAF2 和 TRAF6 的相互作用，以增强 MAVS 信号[140]。研究证明，当内体 TLR3 受体被 dsRNA 激活后，PKR 时 TAK1 信号复合体中不可或缺的组成部分[141]。尽管 PKR 在先天免疫信号转导中的作用一直存在争议，然而，与 PKR 在 IFN 诱导中的作用相矛盾的是，现在人们认为，当 PKR 抑制蛋白质合成时，通过正反馈信号阻止了 IFN 的产生。显然，PKR 在细胞质中对病毒 dsRNA 的识别过程中起着重要的作用，它本身就是一个 RNA 感受器；另外，PKR 也可增强其他胞质和内体中的先天性 RNA 感受途径，使其成为宿主对 RNA 病毒感染反应中不可或缺的 ISG。

第三节　锌指抗病毒蛋白

锌指抗病毒蛋白（Zinc-Finger Antiviral Protein，ZAP）是一种由宿主编码的重要抗病毒因子，其特点是对多种甲病毒、丝状病毒和逆转录病毒具有广泛的抗病毒活性。其中其抗病毒活性包括抑制病毒 RNA 结合，降解病毒或抑制病毒蛋白的翻译[142]。ZAP 是 PARP 家族的一员。它被证明可以结合特定的病毒 mRNA，随后通过招募 p72 DEAD box 解旋酶在病毒 RNA 的降解中发挥积极作用。这种抗病毒能力已被证实存在于与病毒 mRNA 结合的 N 端 4 CCCH 型锌指结构域[143]。

近期的一些研究介绍了各种 PARP 家族成员在核酸刺激下增强 I 型 IFN 信号通路的能力，其中 ZAP（PARP13）在双链 RNA 和双链 DNA 刺激[144]后可在 HEK293T 细胞中表现出最强的驱动 I 型 IFN 反应的能力。然而，ZAP 有两种剪接变异亚型，长亚型 ZAP-L 和短亚型 ZAP-S，ZAP-S 缺乏 PARP 结构域[145]，能够更有效地增强 I 型 IFN 反应，并且在体外细胞中，在 IFN 和核酸刺激下优先诱导。最近人们认为，I 型 IFN 通路的增强得益于 ZAP-S 在胞质 RIG-I 通路的调控中发挥了关键作用。作为一种 RNA 解旋酶，RIG-I 依赖其 ATP 酶活性来改变其结构构象，从而激活其下游接头分子 MAVS。ISG ZAP-S 与 RIG-I 结合促进受体的寡聚合 ATP 酶活性，在人 HEK293T 细胞和原代人 CD14+单核细胞中，在 RIG-I 配体 3′pRNA 存在的情况下，显著增强下游 IRF-3 和 NF-κB 的活化。ZAP-S 可结合 RIG-I 的解旋酶结构域和羧基末端区域。有趣的是，它在 RNA 配体结合 RIG-I 之前与羧基末端区域相结合。这表明，ZAP-S 保持平衡，一旦受体的构象变化允许 ZAP-S 与两个结构域相结合时，便可立即增强 RIG-I 的 ATP 酶活性。有趣的是，最近对 ZAP 敲除小鼠模型的研究表明，ZAP 缺失不会改变依赖 RIG-I 的 I 型 IFN 产生。然而，研究表明，缺失 ZAP 会大大降低小鼠对逆转录病毒、小鼠白血病病毒的抗病毒反应，ZAP 作为病毒的胞质 RNA 感受器，可进一步介导其降解[146]。

关于 ZAP-S 在人源和小鼠细胞中作用的差异可能归因于不同的细胞类型，或者可能是不同物种导致的。很明显，需要更多的研究来阐明 ZAP-S 在多种动物中增强 RIG-I 通路的作用，以及描述为什么 ZAP-L 不能执行与其较短的对等物 ZAP-S 类似的功能，后者只缺乏 PARP 结构域。值得注意的是，ZAP-S 也直接受 IRF-3 调控，使其在 I 型 IFN[147]产生之前上调，这增强了该蛋白在病毒感染期间迅速发挥作用的能力，可能促进 RIG-Ⅰ 的激活，并具有特异性抑制多种病毒的能力。

第四节　干扰素诱导内质网关联病毒抑制蛋白

干扰素诱导内质网关联病毒抑制蛋白（Viperin）首次被证明对人类巨细胞病毒具有抗病毒能力，此后被认为可以抑制许多种不同的病毒。Viperin 利用各种机制和蛋白结构域结合病毒蛋白，抑制病毒入侵和并抑制特定病毒的复制[148]。然而，Viperin 能够限制许多病毒的确切机制尚不清楚。

作为一种经典的 IFN 诱导基因，Viperin 在大多数细胞中表达极少，但在 IFN 信号通路中可被大量诱导表达。在病毒和微生物感染的背景下，细胞模式识别受体（PRRs）将病原体相关分子模式（PAMP）识别为非自身成分，诱导机体产生炎症细胞因子和 Ⅰ 型（IFN-α/IFN-β）和 Ⅲ 型（IFN-λ）IFN 基因。来自微生物的离散分子特征决定了被参与的特异 PRR，因此也决定了被激活的下游通路。通过识别存在于不同病毒[149]和细菌[150] DNA 和 RNA 中的不同 PAMP，可以诱导 Viperin 表达。这种诱导可以通过合成的双链 RNA 或 B 型 DNA[151]类似物以及细菌细胞壁组分脂多糖（LPS）刺激后重现[152]。不管 PAMP 是否被识别，PRR 是否被激活，这些通路最终都将激活转录因子 NF-κB 和干扰素调节因子 3（IRF-3），这些转录因子会转移到细胞核中与 IFN 基因的启动子结合并诱导其转录[153]。一旦产生，IFNs 通过与 Ⅰ 型或 Ⅲ 型 IFNs 特异的异源二聚体受体 IFNAR 或 IFNLR 结合，分别以旁分泌和自分泌两种方式分泌和发出信号，这两种受体均可诱导 Viperin 表达[154-155]。IFNAR 或 IFNLR 亚基的二聚体激活 Janus 激酶信号传导器和转录蛋白激活因子（Jak-STAT）信号转导通路，并最终诱导形成异三聚体 ISG 因子 3（ISGF3）复合物，该复合物直接结合到 ISGs 启动子内部的干扰素刺激反应元件（ISREs）进而驱动其转录。

考虑到多种病毒对 Viperin 敏感，这种蛋白质不太可能具有单独抑制每种病毒的不同机制。另外，Viperin 最近被认为是一种潜在的免疫信号增强剂，间接地协助抑制多种病毒。在小鼠浆细胞样 DCs[156]中，小鼠血浆 DCs 经 TLR7 和 TLR9 刺激后，Ⅰ 型 IFN 的表达上调。用 UV 灭活的新城疫病毒和 CpG DNA 刺激后，Viperin 缺陷型小鼠胞浆细胞样 DCs 产生 IFN-β 的量显著降低。此外，以这些 DC 为模型的体外试验表明，Viperin 定位于脂质体，作为 IRAK1 和 TRAF6 招募的支架，可增强 IRAK1 的 K63 泛素化。Viperin

可在病毒感染早期被诱导，并直受 IRF-3 的调控。这意味着 Viperin 可以在缺乏 IFN 的情况下被诱导表达，这一特点进一步增强了其作为先天抗病毒免疫反应早期增强剂的重要性[157]。

第五节　胆固醇-25-羟化酶

Ⅰ型和Ⅱ型 IFN 可上调胆固醇-25-羟化酶（Cholesterol-25-hydroxylase，CH25H）基因表达。CH25H 的蛋白质产物是一种将胆固醇转化为 25-羟基胆固醇（25HC）的酶。直接用 25HC 处理细胞或表达 CH25H 细胞的上清液可以保护细胞免受多种包膜病毒感染，但对腺病毒（一种非包膜病毒）感染没有影响[158-159]。这些发现表明 CH25H 介导的保护作用发生在感染周期的早期阶段，可能发生在病毒-宿主膜融合的阶段。然而，25HC 也可能通过其他机制影响病毒感染。

包括 CH25H 产生的 25HC 在内的羟甾醇长期以来被认为与先天免疫有关，但它们的作用机制尚不清楚[160-162]。最近，研究人员提出，高浓度 25HC 诱导的膜物理性质的变化可以阻止病毒-宿主膜融合[158]。另外，25HC 的抗病毒活性可能部分源于其参与调控甾醇生物合成途径。

参与固醇生物合成的基因其启动子内含有固醇调节元件（SRE），这些元件可被转录因子识别，称为 SRE 结合蛋白（SREBPs）。SREBP 水平通过负反馈机制被甾醇生物合成途径的产物严格控制；甾醇充足的条件导致 25HC 的积累，抑制甾醇生物合成。由于其渗透膜的能力，25HC 可以通过自分泌和旁分泌的方式抑制甾醇的生物合成[163]。除了产生胆固醇和 25HC，甾醇生物合成途径还产生类异戊二烯，如法尼醇和香叶醇，对蛋白质的异戊烯化至关重要——一种已知会影响许多病毒和细胞蛋白质（包括 ISGs）的修饰[164]。事实上，蛋白质异戊烯化在一些病毒的生命周期中起着关键的作用。例如，丁型肝炎病毒大抗原可被异戊烯化修饰，阻止这种修饰可以抑制感染性颗粒的产生[165]。对于 HCV 感染，宿主蛋白（Fox-box 和富含亮氨酸的重复蛋白 2，称为 FBL2）的香叶酰香叶酰化是复制所必需的[166]。25HC 还能抑制 HCV 亚基因组病毒 RNA（病毒复制子）的复制，因此即使在没有膜融合的情况下也能显示抗病毒活性[167]。因此，25HC 的增加可能通过多种机制影响病毒感染，包括但不完全限于抑制病毒进入。

第六节 干扰素刺激基因 15 蛋白

干扰素刺激基因 15 蛋白（Interferon-Stimulated Gene 15 protein，ISG15，也被称为 UCRP、G1P2、IP17、IMD38、IFI15、IMD38），正常生理条件下在细胞和组织中低水平表达[168]。然而，顾名思义，它的表达是通过 IFN 调节因子（IRFs）与含有干扰素刺激反应元件（ISRE）的启动子结合而被 I 型干扰素（IFN-α 和 IFN-β）强烈诱导的[135]。ISG15 在 IFN 处理的 Ehrlich 腹水肿瘤细胞[169]中首次被鉴定为一种大小为 15kDa 的蛋白。该 15kDa 蛋白后来被发现是一种 17kDa 前体蛋白（Pro-ISG15）的成熟形式[170]。Pro-ISG15 由两个泛素样结构域组成，与泛素具有明显的同源性，这是其具有与抗泛素抗体的交叉反应活性及早期被称为泛素交叉反应蛋白（UCRP）的原因[171]。在 Pro-ISG15 中，一个柔性多肽铰链连接两个泛素样结构域（UBL1 和 UBL2），这种构象也保留在 ISG15 的 15kDa 的成熟形式中。研究表明，重组的 Pro-ISG15 通过一个 100kDa 的组成酶（不是由 1 型 IFN 诱导的）处理，可以暴露出其 C-末端的双甘氨酸残基（Gly-Gly），这是其随后与细胞蛋白结合所必需的，这一过程被称为 ISGylation（ISG 化）。这一 100kDa 的加工酶被纯化后通过胰酶衍生肽的部分测序表明，该酶要么是酵母泛素特异性酶（Ubp1）的人类同源物，要么是 Ubp1 相关蛋白。由于酵母菌不含 ISG15，作者认为这种 Ubp1 酶是通过适应性差异被人类招募用于 Pro-ISG15 加工的[170]。

与高度保守的泛素相比（同源性接近 100%），ISG15 序列在不同物种间存在较大变异。例如，哺乳动物和鱼类的 ISG15 只有 30%~35% 的序列同源性，而人类和小鼠的 ISG15 序列有 66% 的同源性[172]。然而，对于所有物种的 ISG15 来说，ISGylation 所需的 C 端 Gly-Gly 是保守的。

ISGylation 是通过类似于泛素化的酶级联发生的[173]，但与泛素化过程中参与的酶不同[174]。ISG15 的 E1 激活酶 UBA7/UBE1L 以 ATP 依赖的方式形成高能的硫酯中间体，激活 ISG15 的 C 端基团，并将激活的 ISG15 转移到 E2 结合酶 UBCH8 上[175]。UBCH8 然后将 ISG15 转移到已知的 E3 连接酶之一，如 HERC5 和 HERC6（包含 E3 泛素蛋白连接酶 5 和 6 的 HECT 和 RLD 结构域）和 EFP（雌激素应答手指蛋白（也被称为 TRIM25）[176-178]。E3 连接酶最终将 ISG15 附加到指定的底物上。ISG15 的两个泛素样结构域都需要结合到底物上[179]。泛素样蛋白 1（UBL1）结构域是 E3 介导的 ISG15 从 E2

结合酶转移到目标底物所必需的，而泛素样蛋白 2（UBL2）结构域是 ISG15 连接 E1 激活和 E2 结合酶所必需的。

2005 年，两项蛋白质组学研究帮助阐明了 ISG15 偶联的功能和范围。这些研究表明，ISG15 在干扰素刺激下与细胞内的许多靶点结合。这些细胞靶点涉及细胞功能的各个方面，包括 DNA 复制/修复、细胞代谢、信号转导和细胞骨架组织等。有研究发现，ISG15 的大部分核靶点参与染色质重塑/RNA 聚合酶 II 转录或 RNA 加工[180]。ISG15 与大多数其他细胞靶标结合的结果尚不清楚。另一方面，近年来，随着基因操作工具[181]（siRNAs、shRNAs）和体外酶测定技术的应用[182]，以及商品化的蛋白/酶纯化技术，促进了对 ISG15 的生物/细胞功能的理解。

1987 年，Haas 等[183]报道，ISG15 在病毒感染 1h 内的宿主细胞中表达升高，与病毒感染抗性相关。2015 年，Ketscher 等报道称抑制 USP18 的去 ISGylation 活性可以增强 ISGylation 和病毒的抗性[184]，支持 Haas 等早期的观察结果。目前，在细胞培养、动物和人类研究中，多个研究小组已经认可了 ISG15 和 ISGylation 抗病毒功能，其抗病毒谱包括小鼠 γ 疱疹病毒、甲型和乙型流感病毒（IAV）、辛德比病毒（SNV）、痘苗病毒、单纯疱疹病毒 1 号（HSV-1）、基孔肯雅病毒、小鼠诺如病毒、埃博拉病毒、登革病毒和西尼罗河病毒[185-190]。ISG15/ISGylation 是否在建立对 SARS-CoV-2 病毒的抗病毒免疫中起作用目前还尚不清楚；然而，也有文献暗示其具有这样的作用[191-193]。

第七节　干扰素诱导跨膜蛋白

干扰素诱导跨膜蛋白（Interferon - Inducing Transmembrane Proteins，IFITM）在哺乳动物细胞中广泛表达且高度保守，在干扰素刺激下可大量上调表达，参与机体抗病毒免疫反应。近年来通过 siRNA 敲低[194]，和过表达筛查[195]证实 IFITM1、IFITM2 和 IFITM3 具有广谱抗病毒作用。目前已发现其对包括甲型流感病毒（Influnza A Virus，IAV）、人类免疫缺陷病病毒（Human Immunodeficiency Virus，HIV）和丙型肝炎病毒（Hepatitis C Virus，HCV）等十多个科的病毒均有抑制作用[196-200]。研究发现，哺乳动物细胞中的 IFITM1 定位于细胞质膜和早期内体，而 IFITM2 和 IFITM3 主要定位于细胞的晚期内体和溶酶体[201]。由于亚细胞定位不同，三种 IFITM 分子的抗病毒谱也有差异。IFITM1 主要抑制通过与细胞质膜融合进入细胞的病毒。而

IFITM2 和 IFITM3 则主要抑制通过晚期内体和溶酶体途径入侵细胞的病毒，包括 IAV、SARS 冠状病毒等[202]。与前两者相比，IFITM3 被认为具有更强的抗病毒活性[203]。除能够在靶细胞中直接发挥抗病毒作用外，IFITM3 还可以作为外泌体组成成分，被释放到细胞间质，对临近细胞提供抗病毒保护[204]。

体内 *IFITM3* 基因异常可加重病毒感染引起的临床症状。有研究发现，*IFITM3* 基因敲除小鼠感染 H3N2 或 H1N1 型 IAV 后，其发病率和死亡率显著提高[205-206]。此外，人体中有一种自然发生的单核苷酸多态性 IFITM3（SNP rs12252），为 IFITM3 N 端截短型，可能加重 IVA[197,207]、人巨细胞病毒[208]、人肠病毒 71[209-210] 引起的临床症状，提高 COVID-19 的发病率和死亡率[211-212]。基于此，有研究人员甚至建议根据 IFITM3-rs12252 基因型预测少数民族感染 COVID-19 后发病的严重程度[213]。另一种在 *IFITM3* 基因 5′非编码区发生突变的基因型（SNP rs34481144）可导致在 IAV 感染过程中 IFITM3 mRNA 转录水平和呼吸道 CD8+T 细胞数量均下降，从而使其抗病毒作用减弱[214]。这些发现进一步提示 IFITM3 在机体抗病毒天然免疫反应中发挥不可或缺的作用。

一、IFITM3 抗病毒机制

IFITM3 可能通过抑制病毒粒子进入细胞质，促进其在溶酶体中降解，或直接结合到病毒粒子表面，降低其感染活性。也可通过与多种宿主蛋白互作，发挥抗病毒作用。目前为止，IFITMs 的抗病毒机制尚不清楚。IFITM3 主要在病毒感染早期发挥抗病毒作用，其可能的抗病毒机制主要包括如下几种途径。研究发现，人 IFITM3（hIFITM3）可将入侵细胞的病毒粒子包裹在内吞囊泡内，通过改变内体膜曲率和硬度抑制病毒-内体膜融合，从而抑制病毒核酸进入细胞质，进而发挥抗病毒作用[215-216]。多个 IFITM3 分子也可形成多聚体，聚集于内体膜表面，抑制病毒-内体膜融合[217]。IFITM3 还能加速将更多的 IAV 病毒粒子转运到溶酶体进行降解。另外，Feeley 等发现，hIFITM3 分子可以增大 Rab7 和 LAMP1 阳性晚期溶酶体，促进病毒粒子降解[218]，而 Spence 等并未观察到这一现象[216]。还有研究发现，IFITM3 蛋白可以结合到新包装的病毒粒子表面降低病毒的感染活性[219-221]。

有研究发现，IFITM3 蛋白能够与囊泡膜蛋白相关蛋白 A（VAPA）相结合抑制后者与 OSBP 蛋白互作导致胆固醇在晚期内体中大量富集，进而抑制 IAV 病毒进入细胞质从而抑制病毒复制[222]。Zhang 等也报道了类似的现象，他们发现 PRRSV 被转运到 sIFITM3（猪 IFITM3）阳性细胞内体中，sIFITM3 通过在内体中大量富集胆固醇抑制病毒与内体膜融合，进而抑制病毒进入细胞质中[220]。但是，Desai 等[223]却发现胆固醇在细胞内体中富集并不影响病毒与囊膜融合。hIFITM3 也可与 hABHD6A 互作，调控免疫因子表达进而抑制 IAV 的复制，另外，hABHD6A 被认为其本身也具有抗病毒活性[224]。

含缬酪肽蛋白（VCP 也被称为 p97，CVP/P97）能够与 IFITM3 相互作用，通过引导其在细胞内的定位维持其抗病毒作用[225]。IFITM3 也可通过与 ATP 酶 Atp6v0b 发生互作，将 ATP 酶复合物固定细胞膜上，促进网格蛋白发生正确的亚细胞定位，进而发挥抗病毒作用[226]。IFITM3 还能够与锌金属蛋白酶 STE24（ZMPSTE24，也被称为 FACE1）发生互作，这种相互作用被认为是 IFITM3 发挥抗病毒作用所需的，而 ZMPST24 本身也有抗病毒作用[227]。

二、IFITM3 蛋白的抗病毒作用受到 4 种翻译后修饰调控

目前已知 IFITM3 的抗病毒作用受到至少 4 种蛋白翻译后修饰调控。例如，泛素化，即在蛋白质 4 个赖氨酸残基上添加 9kDa 的泛素多肽，被认为是 IFITM3 稳定性和活性的负调控因子，可促进蛋白质降解。一旦 4 种赖氨酸都突变为丙氨酸，IFITM3 就变得更加稳定，并且完全位于内体膜上。同时，其与内质网标记物的共定位消失，提示泛素化的 IFITM3 可能被招募到内质网进行降解。

据报道，IFITM3 活性的另一种负调控因子是位于酪氨酸 20 残基的酪氨酸激酶 FYN 依赖的磷酸化（Tyr20）。Tyr20 突变导致 IFITM3 对水疱性口炎病毒的抗病毒活性下降和质膜上 IFITM3 的富集。有趣的是，在之前的研究中人们观察到 IFITM3 磷酸化和泛素化发生交叉调控。一般认为 IFITM3 磷酸化可能会提高其泛素化水平，因为磷酸化通常是 E3 泛素连接酶的信号。然而，相反的结果是发生磷酸化的 IFITM3，其泛素修饰水平降低。泛素和磷酸化如何共同调控 IFITM3 的抗病毒作用值得进一步研究。

最后，经 SET7 介导的 IFITM3 单赖氨酸（Lys88）甲基化也被认为能够负调控 IFITM3 的抗病毒活性。在该研究中，SET7 过表达上调了 IFITM3 的甲基化，导致其抗病毒活性丧失。相反，敲除 SET7 降低了 IFITM3 的甲基化，增强了 IFITM3 对流感病毒和水泡性口炎病毒的抗病毒活性。

除上述 3 种蛋白翻译后修饰外，IFITM3 的 S-棕榈酰化修饰是唯一一种可以通过多种机制正向调节其抗病毒活性的翻译后修饰。

三、S-棕榈酰化修饰可正向调控 IFITM3 的抗病毒作用

哺乳动物 IFITM3 在 71 位、72 位和 105 位半胱氨酸发生 S-棕榈酰化修饰，对其发挥抗病毒作用至关重要，是目前发现的唯一能够正向调控 IFITM3 抗病毒作用的一种翻译后修饰。棕榈酰化是一种蛋白翻译后修饰，可将一个由 16 个碳原子组成的饱和脂肪酸链（通常是棕榈酸）通过共价键连接到靶蛋白上。最常见的棕榈酰化形式是 S-棕榈酰化（S-Palmitoylation）和 N-棕榈酰化。S-棕榈酰化是一种可逆修饰，通过硫酯键连接到半胱氨酸残基上。N-棕榈酰化反应发生在赖氨酸的氨基末端或 ε-氨基上。S-棕榈酰化修饰可通过改变蛋白亚细胞定位、蛋白结合及信号传导等途径调节蛋白功能，被认为是可以快速调节蛋白功能的"开关"[228-229]。

Jount 和他的同事[230]最早于 2010 年发现 IFITM3 分子 71 位、72 位和 105 位半胱氨酸（Cys71、Cys72 和 Cys105）均发生 S-棕榈酰化修饰。生物信息学分析显示，脊椎动物的 IFITM3 S-棕榈酰化位点高度保守，推测 S-棕榈酰化修饰在 IFITM3 蛋白抗病毒过程中发挥重要作用。

研究发现，S-棕榈酰化修饰可能通过影响 IFITM3 亚细胞定位、稳定性、结构、与胆固醇的亲和性调控 IFITM3 的抗病毒作用，但其对 IFITM3 与病毒结合及与宿主蛋白互作的影响还未可知。研究发现，将 hIFITM3 的 3 个半胱氨酸位点突变为丙氨酸可消除其 S-棕榈酰化修饰，使其呈点状分散分布于内质网中并显著削弱了其抑制 IAV 复制的活性[230]。将 Cys72 突变为丙氨酸可显著减少 IAV 与 hIFITM3 阳性囊泡的融合，hIFITM3 阳性囊泡将 IAV 转运到溶酶体的速度也被显著延迟，从而减弱了 hIFITM3 的抗病毒活性。将 sIFITM3 的 3 个半胱氨酸全部突变为丙氨酸未改变其在早、晚期内体和溶酶体中的定位，但是显著降低了其蛋白表达水平，并使之完全丧失了抗病毒活性。通过抑制 hIFITM3 蛋白 S-棕榈酰化修饰后发现，该蛋白半衰期显著缩短，而抑制细胞内的溶酶体降解途径可显著抑制 hIFITM3 的降解，表明抑制 hIFITM3 S-棕榈酰化后机体可通过溶酶体途径降解 hIFITM3。另一项研究发现，抑制 hIFITM3 S-棕榈酰化修饰使其在内体膜上的定位减少，而细胞质成分中的 hIFITM3 蛋白表达量无显著变化[231]。与之不同的是，有研究人员通过定量免疫荧光研究发现，hIFITM3ΔPalm 与 hIFITM3 亚细胞定位无明显差异[232]。用 S-棕榈酰化抑制剂 2-BP 处理后，sIFITM3 的亚细胞定位也未出现明显改变[233]。

最新研究显示，将 Cys72 的 S-棕榈酰基团去除后，改变了 hIFITM3 第一个两性螺旋结构（AH1，Leu62-Phe67）的位置，使之从脂质双分子层暴露到水相，成为亲水性基团而非两性基团，反之则可使其恢复两性基团特性。表明 S-棕榈酰化修饰是 IFITM3 保持正确结构所必需的。将 Cys71、Cys72 和 Cys105 全部突变为丙氨酸还可使 hIFITM3 与胆固醇的互作显著减弱，进而抑制其抗病毒活性[234]。

如前所述，IFITM3 需通过与多种宿主蛋白互作或直接与病毒粒子结合发挥抗病毒作用，而 S-棕榈酰化修饰是否可以通过改变 IFITM3 与宿主蛋白之间的互作或影响其与病毒粒子结合来调控 IFITM3 的抗病毒作用目前尚不清楚，这些问题也是本项目拟开展的研究内容。

蛋白 S-棕榈酰化修饰主要是由棕榈酰转移酶家族成员介导的生化反应。具体是哪种棕榈酰转移酶负责 IFITM3 的修饰尚无定论。棕榈酰转移酶家族是一类 DHHC（天冬氨酸-组氨酸-组氨酸-半胱氨酸锌指结构）结构域为活性中心的酰酯转移酶，能够将棕榈酸酯引导到底物蛋白上[235-236]。截至目前，在哺乳动物中陆续鉴定了该家族的 24 个蛋白。棕榈酰转移酶广泛定位于细胞内的高尔基体、内质网和细胞质膜，可催化定位于不同细胞区域的底物蛋白。然而，目前不同 DHHC 家族蛋白的定位和底物选择特异性机制尚不清楚。

棕榈酰化转移酶可促进 IFITM3 的 S-棕榈酰化修饰增强其抗病毒活性。研究发现，棕榈酰转移酶 ZDHHC1 可与 hIFITM3 蛋白发生互作，并可对其进行 S-棕榈酰化修饰，同时上调内源 hIFITM3 蛋白表达，进而增强其抑制乙型脑炎病毒复制的活性。而另一项研究结果显示，ZDHHC3、ZDHHC7、ZDHHC15 和 ZDHHC20 均可对 hIFITM3 进行 S-棕榈酰化修饰，但只有 ZDH-HC20 能够增强 hIFITM3 的抗病毒作用，且 ZDHHC20 与 hIFITM3 共定位于溶酶体，ZDHHC3、ZDHHC7 和 ZDHHC15 与 IFITM3 共定位于细胞核周围，据此推测 hIFITM3 发生 S-棕榈酰化修饰的亚细胞定位可能会影响其抗病毒活性[236]。通常情况下，IFITM3 蛋白的三个半胱氨酸残基并未完全被 S-棕榈酰化修饰，同时转染 ZDHHC20 和 hIFITM3 真核表达质粒还可以显著增强 IFITM3 的 S-棕榈酰化，进而增强其抗病毒作用。这些研究表明，多个 ZDHHC 能够对 hIFITM3 进行 S-棕榈酰化修饰。

试　验　篇

第四章 PRRSV 分离鉴定

2006 年 5 月，我国暴发了高致病性蓝耳病疫情，该病导致感染猪只高热、高死亡率，给我国养猪业造成了巨大的经济损失。目前，美洲型高致病性 PRRSV 是我国猪场主要流行毒株。与经典美洲型 PRRSV 毒株 VR2332 相比，Nsp2 是高致病性 PRRSV 最易发生变异的蛋白。

本研究的目的是检测主要来自 2016 年的广西壮族自治区部分地区猪场和屠宰场猪肺脏组织样品中 PRRSV 感染情况，并扩增部分样品中的 PRRSV 全长。为阐明该地区 PRRSV 流行状况提供重要的信息，并为该地区 PRRSV 防控提供一定的理论基础。

第一节 试验材料

一、细胞

Marc-145 细胞由军事兽医研究所病毒与免疫实验室保存。

二、病料采集

2016 年在广西壮族自治区南宁、钦州、防城港、柳州、玉林等部分地区猪场和屠宰场共采集肺脏组织 155 份，其中 108 份猪场肺脏病料，47 份屠宰场健康猪肺脏组织样品。2017 年采集博白某猪场 14 份肺脏病料，上述样品均由广西壮族自治区动物疫病预防控制中心保存。

三、主要试剂

pMD18-T 载体、DL2000 DNA Marker、Primer 9、dNTP、ExTaq DNA 聚合酶等均购于 Takara（大连宝生物工程有限公司）；50×TAE 缓冲液购于北京索莱宝科技有限公司；TransStart FastPfu Fly DNA Polymerase、pEASY-Blunt Cloning Kit 等购于北京全式金生物技术有限公司；DMEM 培养基、胎

牛血清（FBS）、青霉素链霉素（双抗）等为 Hyclone 产品；柱式 RNA 提取试剂盒购于生工生物工程（上海）股份有限公司；RNA 酶抑制剂、MLV 反转录酶购于 Promega 公司；质粒小提试剂盒购于 AxyGen 公司；BioSpin Gel Extraction Kit 购于 BioFlux 公司。

四、主要仪器设备

Tanon GIS-2008 凝胶成像系统购于上海天能科技有限公司；TGreen Transilluminator 大切胶仪购于天根生化科技（北京）有限公司；PCR 仪、漩涡振荡器购自赛默飞世尔科技（中国）有限公司。

五、相关试剂配制

1. 细胞完全培养基

在 DMEM 培养基（450mL）中加入 10% FBS（50mL）和 1% 双抗（5mL），上下颠倒数次充分混匀。

2. PBS 缓冲液

称取 NaCl 8g、KH_2PO_4 0.24g、Na_2HPO_4 1.44g 和 KCl 0.2g，加入适量（800mL 左右）的双蒸水（ddH_2O）充分溶解，将 pH 值调到 7.4，继续用 ddH_2O 将溶液定容到 1L，高压灭菌后备用。

3. LB 培养基

称取 NaCl 2g、酵母提取物 1g 以及蛋白胨 1g（固体培养基需另加 3g 琼脂粉），加入适量 ddH_2O 充分溶解混匀后继续用 ddH_2O 将溶液定容到 200mL，高压灭菌后放于 4℃ 冰箱中备用。

4. 1% 琼脂糖凝胶

称取琼脂糖粉末 0.6g 倒入三角烧瓶中，加入 60mL 1×TAE 溶液后轻轻混匀，放入微波炉中加热 2min 左右，直到琼脂糖粉末完全溶解且液体中无颗粒样物质，室温冷却至只有少量蒸汽，滴入 3μL 核酸染料后晃动液体使其充分混匀后倒入胶槽并插好电泳梳待冷却备用。

六、引物设计与合成

根据 NCBI 中登录的猪 PRRSV 基因序列，使用 Primer 5.0 软件设计特异性 PRRSV 特异性检测引物 PRRSV ID。PRRSV 全基因组扩增引物根据相关文献合成[237]。引物名称、序列和长度如表 4-1 所示，均由吉林省库美生物技术有限公司合成。

表 4-1　PCR 扩增引物

引物名称	引物序列	长度/bp
PRRSV ID F	ATGGCCAGCCAGTCAATCA	
PRRSV ID R	TCGCCCTAATTGAATAGGTG	431
PRRSV-1 F	GAATTCATGACGTATAGGTGTTGGCT	
PRRSV-1 R	GTACTTGCCAGGGACACCATGCTTG	1 105
PRRSV-2 F	GTGTCTCCATGCGGGTTGAGTA	
PRRSV-2 R	TTCGCTCAGAACTTCCTCAGCT	1 818
PRRSV-3 F	TGCTCCGCGCAGGAAGGTCAG	
PRRSV-3 R	GACCACAGTTCTAGCCGTAATCC	1 840
PRRSV-4 F	TGAGATCGCCTTCAACGTGTTC	
PRRSV-4 R	GCAACCAAGGGCGTCCAG	1 902
PRRSV-5 F	TGGCGGAGTGTTCACTATTGAC	
PRRSV-5 R	CGCCGGAGATCAAGACATCTATAAG	2 263
PRRSV-6 F	GTGGAGCAAGCCCTTGGTATGA	
PRRSV-6 R	ATGGTCTGGTGAGTTGGCGTGTA	2 569
PRRSV-7 F	TAATGTTTCTGAATACTACGC	
PRRSV-7 R	CAGGTGTGTTTGTACCTTAC	2 463
PRRSV-8 F	CTTTAAGGAGGTTCGACTG	
PRRSV-8 R	GATAGAACGGCACGATACAC	2 309
PRRSV-9 F	CTATGCTTCCGAGATGAGTG	
PRRSV-9 R	TAATTACGGCCGCATGGTTC	1 860

七、分子生物学软件

用于进行分子生物学分析的软件包括 MEGA 7.0、Clustal W、DNAstar 等。

第二节　试验方法

一、病料的采集与处理

组织病料处理：切取小块黄豆粒大小猪肺脏组织病料放入 2mL EP 管中，加入 500μL DEPC 水，用组织研磨仪研磨成匀浆，−80℃ 冻融三次，5 000r/min 4℃离心 15min，收集上清液，保存在−80℃冰箱中备用。

二、组织样品总 RNA 提取

将−80℃冰箱中冻存的组织液上清液取出，每份样品吸 200μL 上清液，按照上海生工柱式总 RNA 提取试剂盒的操作说明书提取总 RNA。

操作方法如下。

（1）吸取 200μL 样品到干净的 1.5mL 无 RNA 酶的 EP 管中，每管加入 500μL Trizol 试剂，室温静置 8~10min，使核蛋白和核酸充分分离。

（2）向 EP 管中加入 0.2mL 氯仿，用漩涡振荡器剧烈振荡 30s，室温静置 3min 后 4℃低温超速离心机 12 000r/min 离心 10min。

（3）小心吸取上层水相液体到新的 1.5mL EP 管中，加入 0.5 倍体积的无水乙醇，使用移液器轻轻吹吸数次，使之充分混匀。

（4）将吸附柱放入收集管中，将（3）中吹吸混匀的液体转移到吸附柱中室温静置 2min 后，12 000r/min 4℃ 离心 3min，将收集管中液体弃去。

（5）将吸附柱重新放回收集管中，向其中加入 500μL RPE 溶液，室温静置 2min 后，10 000r/min 4℃离心 1min，将收集管中液体弃去。

（6）重复步骤（5）一次。

（7）将吸附柱重新放回到收集管中，12 000r/min 离心 3min。

（8）将吸附柱取出，在超净台中短暂风干后放入干净的 1.5mL EP 管中，往吸附膜中央处滴加 30μL DEPC 水，将其室温静置 5min 后，12 000r/min 4℃离心 2min，将所得 RNA 反转录或放−70℃冰箱备用。

三、RNA 反转录

将提取的 RNA 样品按表 4-2 所示的反转录体系进行反转录。

表 4-2　RNA 反转录体系（一）

试剂名称	加入体积/μL
RNA 样品	29
Primer 9	1

将上述样品 75℃ 水浴锅中作用 5min 后，冰浴 8~10min 加入表 4-3 所示反转录体系。

表 4-3　RNA 反转录体系（二）

试剂名称	加入体积/μL
DEPC 水	6
5×MLV Buffer	12
dNTP	10
RNAsin	1
M_MLV	1

将上述配好的反应液 42℃ 水浴锅中孵育 1h 后放置于 75℃ 水浴锅中 15min 终止反应。将处理后的样品放 -80℃ 冰箱中保存备用。

四、PCR 检测

利用引物 PRRSV ID 鉴定样品中的 PRRSV，体系如表 4-4 所示。

表 4-4　PRRSV PCR 鉴定体系

试剂名称	加入体积/μL
2×Taq PCR Master MIX	12.5
上游引物（10μmol/L）	1
上游引物（10μmol/L）	1
ddH$_2$O	10.5
总体积	25

将配置好的 PCR 体系放入 PCR 仪中，PRRSV PCR 鉴定条件如表 4-5 所示。

表 4-5　PRRSV PCR 鉴定条件

循环数/次	温度/℃	时间/min
1	95	5
	95	0.5
35	56	0.5
	72	0.5
1	72	10

PRRSV 全基因组 PCR 扩增，体系如表 4-6 所示。

表 4-6　PRRSV 全基因组 PCR 扩增体系

试剂名称	加入体积/μL
模板	1
上游引物（10μmol/L）	1
下游引物（10μmol/L）	1
5×TransStart FastPfu Fly Buffer	5
2.5mmol/L dNTPs	2
TransStart FastPfu Fly DNA Polymerase	0.5
ddH₂O	12.5
总体积	25

PRRSVPCR 扩增条件如表 4-7 所示。

表 4-7　PRRSV 全基因组 PCR 扩增条件

循环数/次	温度/℃	时间/s
1	95	120
	95	20
35	56	20
	72	30
1	72	300

五、PRRSV PCR 扩增产物回收

（1）将 5μL 6×Loading Buffer 加入 25μL PCR 产物中，充分混匀后进行琼脂糖凝胶电泳，25~30min，140V。

（2）停止电泳，将凝胶置于切胶仪下，根据特异性条带大小将 PCR 产物切下并将其置于 1.5mL 离心管中。

（3）按照说明书要求，加入相应体积的溶胶溶液，于 56℃ 水浴锅中水浴 10min（期间晃动数次）。

（4）将溶解后的液体加入吸附柱中做好标记，12 000r/min 离心 1min，弃掉滤液。

（5）向吸附柱中加入 750μL PW 漂洗液（需提前加入无水乙醇），12 000r/min 离心 1min，弃掉滤液。

（6）将上述步骤（4）重复一次。

（7）将吸附柱重新放入收集管中，12 000r/min 离心 2min，以去除离心柱中的液体残留。

（8）将吸附柱放入干净的 1.5mL 离心管中，向其中加入 50μL 70℃ 预热的 ddH$_2$O，室温静置 5min 后 12 000r/min 离心 2min，弃去离心柱，样品用于后续研究。

六、pEASY-Blunt cloning 载体的构建

1. 配置连接体系

将表 4-8 所示的连接体系轻轻混匀并做瞬时离心，然后将装有体系的离心管置于恒温连接仪内 25℃ 连接 30min。

表 4-8 pEASY-Blunt 连接体系

试剂名称	体积/μL
PCR 回收产物	4
pEASY-Blunt cloning 载体	1

2. 转化

（1）将 Trans5α 感受态细胞从 -80℃ 冰箱中取出，迅速置于冰上使其融化。

（2）连接产物从连接仪中取出，加入 50μL 感受态细胞，轻柔混匀。

（3）将上述体系置于冰上孵育 30min 后，转移到 42℃水浴锅中热激 90s，冰浴 10min。

（4）向转化体系中加入 1mL 37℃预热的无抗性 LB 液体培养基。

（5）将装有上述体系的 1.5mL EP 管放入 37℃温箱中振荡培养 1h 后 3 500r/min 离心 10min，弃掉上清液。留 100μL 上清液将沉淀重悬。

（6）将上述获得的细菌悬液无菌均匀涂布于含有 Amp 抗性的 LB 固体培养基上。

（7）将上述平板倒置于 37℃恒温培养箱中培养 12h。

3. 筛选阳性克隆

将培养好的平板从 37℃恒温培养箱中取出，在无菌条件下挑取单个边缘光滑大小适中的菌落，并将其接种于 5mL 含有 Amp 抗性的 LB 液体培养基中，将其放入 37℃恒温培养箱中振荡培养 12h。

4. 质粒小量提取

（1）将试管从恒温箱中取出，将菌液加入 1.5mL EP 管中，12 000r/min 离心 1min，弃掉上清液。

（2）重复步骤（1）数次，直至菌液收集完全。

（3）向上述菌体沉淀中加入 250μL 溶液 S1，充分重悬菌体沉淀。

（4）向上述悬液中加入 250μL 溶液 S2，上下轻轻颠倒混匀 4~6 次。

（5）将 350μL 溶液 S3 中加入上述溶液，上下轻轻颠倒混匀 4~6 次，12 000r/min 离心 10min。

（6）小心吸取上清液到提前插入 2mL 收集管的离心柱中，做好标记，12 000r/min 离心 1min 弃去滤液。

（7）将 500μL W1 溶液小心加入离心柱中，12 000r/min 离心 1min，弃掉滤液。

（8）将离心柱重新插入收集管中，加入 700μL W2 溶液，12 000r/min 离心 1min，弃掉滤液。

（9）重复上述步骤（8）一次后，12 000r/min 离心 2min。

（10）将吸附柱转移到干净的 1.5mL EP 管中，向吸附柱膜中心逐滴加入 50μL 65℃预热的 ddH$_2$O，室温静置 5min，12 000r/min 离心 2min 后收集洗脱液保存到 -20℃冰箱中备用。

5. 质粒鉴定

（1）酶切鉴定。将小量提取的质粒进行酶切鉴定，体系如表 4-9 所示。

表 4-9　酶切体系

试剂名称	加入量
质粒	1μg
BamH I	1μL
Xho I	1μL
5×Buffer	2μL
ddH$_2$O	补至 10μL

将上述酶切体系置于 37℃水浴锅中孵育 30min 后进行琼脂糖凝胶电泳。

（2）质粒测序。将酶切鉴定正确的质粒送吉林库美生物科技有限公司进行 Sanger 测序，测序仪器为 ABI 3730XL 测序仪。将测序结果进行 NCBI BLAST 比对和 DNAstar 同源性分析。

（3）测序产物基因进化分析。用 DNAstar 程序进行序列编辑与比对，用 MEGA 7.0 软件中的临近法（Neighbor-Joining，NJ）以重复 1 000 次抽样检验构建进化树，其他参数按程序设定的默认值进行设置。参考毒株信息如表 4-10 所示。

表 4-10　序列比对与进化分析所用 PRRSV 参考毒株

参考株	国家	登录号	参考株	国家	登录号
LV	荷兰	M9626	JXA1-P45	中国	FJ548851
VR2332	美国	U87392	JXA1-P70	中国	FJ548852
BJ-4	中国	AF331831	JXA1-P100	中国	KC422725
Ch-1a	中国	AY032626	JXA1-P130	中国	KC422728
Ch-1R	中国	EU807840	JXA1-P150	中国	KC422730
FJZ03	中国	KP860909	JXA1-P170	中国	JQ804986
GD	中国	EU825724	JXwn06	中国	EF641008
Hanvet1. vn	越南	KU842720	NT1	中国	KP179402
Henan-1	中国	EU200962	NT2	中国	KP179403
HuN4	中国	EF635006	NT3	中国	KP179404
JXA1-P10	中国	FJ548854	SCnj16	中国	MF196906
JXA1-P15	中国	FJ548855	HNhx	中国	KX766379

七、PRRSV 病毒的分离鉴定

1. Marc145 细胞培养

（1）将液氮中冻存的 Marc145 细胞取出，将其迅速在 37℃ 水浴锅中融化，600g/min 离心 5min 后，用 75% 的酒精对冻存管进行灭菌处理。

（2）将灭菌后的冻存管转移到超净台中，用酒精灯外焰将冻存管管口部位进行灭菌处理后旋开冻存管将上清液吸弃。

（3）用含 10% 胎牛血清的 DMEM 培养基 1mL 将上述步骤产生的细胞沉淀轻柔重悬，然后将其转移到 10cm 平皿中，向平皿中补加 10mL 含 10% 胎牛血清的 DMEM 细胞培养液。

（4）将上述平皿放入 37℃ 含有 5% CO_2 的湿润培养箱中培养 24~36h。

（5）待单层细胞接近 100% 汇合度时，将细胞从温箱中取出。将上层细胞培养液吸弃，用 1mL 0.25% 的胰酶将单层细胞润洗两次。

（6）向平皿内加入 1mL 0.25% 的胰酶后，将其放 37℃ 温箱中消化 3min。

（7）将细胞取出，吸弃胰酶，用 3mL 含 10% 胎牛血清的 DMEM 培养基将细胞重悬并计数。

（8）将 Marc145 细胞接种 6 孔板，细胞密度调整为 2×10^5 个/孔，放 37℃ 细胞培养箱中继续培养 24h。

2. PRRSV 病毒分离

（1）将 4 份 PCR 检测结果为 PRRSV 阳性的病料组织充分研磨成组织匀浆，然后反复冻融三次。

（2）将组织匀浆 5 000r/min 离心 10min 后，吸取上清液，并用 0.22μm 滤膜过滤除菌。

（3）将滤液接种到铺有 Marc145 细胞的 6 孔板中，放入 37℃ 细胞培养箱中孵育 2h。

（4）将接种细胞的组织匀浆滤液吸弃，更换新鲜的含 2% 胎牛血清的 DMEM 细胞培养液，放 37℃ 温箱中继续培养，并观察细胞病变。

（5）经过 3~4d，将出现细胞病变的 6 孔板反复冻融三次，无菌收获培养基和细胞混合液，2 000r/min 离心 10min 后，吸取上清液分装。

（6）将病毒盲传三代后接种 Marc145 细胞，提取出现病变的细胞培养液总 RNA，进行 RT-PCR 检测，结果为阳性者可初步判定为病毒分离成功。

3. PRRSV 间接免疫荧光检测

（1）将 Marc145 细胞按 $5×10^4$ 个/孔接种 24 孔板，将其置于 37℃ 含 5% CO_2 的细胞培养箱中培养 24h。

（2）将 24 孔板从温箱中取出，吸弃细胞培养液，加入无血清的 DMEM 培养基。50μL/孔接种新分离的 PRRSV，阴性对照孔中加入等体积的 DMEM。放 37℃ 温箱中孵育 2h。

（3）将 24 孔板中的细胞培养液吸弃，加入含 2% 胎牛血清的 DMEM 细胞培养基 2mL/孔，放 37℃ 温箱中继续培养 48h。

（4）将 24 孔板从温箱中取出，吸弃上清液，用 PBS 500μL/孔将细胞洗两遍。

（5）吸弃培养板孔中的 PBS，用预冷的无水乙醇 200μL/孔室温下将细胞固定 30min。

（6）吸弃无水乙醇，用 500μL/孔 PBS 将细胞洗两遍。

（7）吸弃 PBS，每孔加入用 1%BSA 的 PBS 1000 倍稀释的 SDAW-17A PRRSV N 蛋白抗体 100μL，4℃ 孵育过夜。

（8）吸弃抗体稀释液，用 500μL/孔 PBS 将细胞洗两遍，避光条件下加入用 PBST 500 倍稀释的 Cy3 标记的山羊抗小鼠二抗，每孔加入 100μL，37℃ 避光孵育 1h。

（9）吸弃二抗，用 500μL/孔 PBS 将细胞洗两遍后，每孔加入 DAPI 100μL，避光下室温孵育 5~10min。

（10）吸弃 DAPI 溶液，用 500μL/孔 PBS 将细胞洗三遍后用荧光显微镜观察结果。

4. PRRSV TCID50 测定

（1）用 Marc145 细胞接种 96 孔板，接种密度为 2 000 个/孔，放 37℃ 细胞培养箱中培养 12h。

（2）将稳定传代 10 次的 PRRSV 病毒进行 10 倍梯度稀释，共稀释 11 个梯度。

（3）将 96 孔板内培养液全部吸弃，每孔加入 100μL 10 倍梯度稀释的病毒液，每列（8 个孔）接一个稀释梯度的病毒液。留一列作空白对照，加入 100μL 无血清 DMEM 培养基，放 37℃ 细胞培养箱中培养 2h。

（4）向 96 孔板中补加 100μL/孔细胞维持液（含 2% 胎牛血清的 DMEM），放 37℃ 温箱中继续培养，每天观察细胞病变，将阳性孔做好标记。

（5）利用 Karber 法计算 PRRSV 的 $TCID_{50}$。

$$lgTCID_{50} = L - D（S - 0.5）$$

其中，L 为最高稀释度的对数，D 为稀释度对数之间的差，S 为阳性孔比率总和。

八、PRRSV 致病性分析

1. PRRSV、PCV2 等血清学检测

（1）于长春市某猪场随机挑选 60 头 4 周龄仔猪，前腔静脉采血，每头猪采 5mL 全血。

（2）将采好的全血放 37℃ 温箱中静置 2h，待血清充分析出。

（3）将注射器中上层含有少量红细胞的血清转移到 2mL 干净的 EP 管中，3 500r/min，离心 15min。

（4）吸取上层血清到新的 2mL 干净的 EP 管中，用于后续试验。

（5）根据 ELISA 检测试剂盒产品说明书对血清中的 PRRSV、PCV2 抗体进行检测。

2. PRRSV 接种仔猪

（1）随机挑选 10 只 PRRSV、PCV2 血清学阴性的健康仔猪分成两组。

（2）试验组 5 只仔猪分别通过滴鼻接种 $5×10^5$ $TCID_{50}$/2mL PRRSV 病毒液，对照组 5 只仔猪接种等体积的无血清 DMEM。

（3）自接种之日起，每天通过直肠测定试验组和对照组仔猪的体温，并观察其临床症状，做好记录。

（4）PRRSV 病毒接种 10d 后，将试验组和对照组 10 只仔猪全部剖杀，观察各脏器尤其是肺部的病理变化。

（5）将各组仔猪肺脏制作病理切片，并在光学显微镜下观察肺部病理变化。

第三节　结　果

一、PRRSV RT-PCR 检测结果

提取来自广西的猪肺脏组织样品在 RNA，RT-PCR 扩增后，经 1% 琼脂糖凝胶电泳，在 431bp 附近出现目的条带可判定为 PRRSV 阳性结果（图 4-1）。检测结果显示，在广西部分地区 2016 年收集到的 108 份肺脏病

料、47 份屠宰场肺脏样品及 2017 年于博白收集到的 14 份肺脏病料中，2016 年的猪场肺脏组织样品 PRRSV 阳性率为 52.7%（57/108）。屠宰场肺脏组织样品 PRRSV 阳性率为 6.4%（3/47）。2017 年收集到的博白猪肺脏病料中，PRRSV 阳性率为 21.4%（3/14）。

从检测结果中可以看出，2016 年在广西收集到的猪肺脏病料中 PRRSV 检出率均比较高，其中来自钦州猪场肺脏病料检出率达 63.64%（表4-11）。而来自屠宰场的健康猪肺脏组织 PRRSV 阳性率则要低得多。

图 4-1　部分样品 PRRSV RT-PCR 检测结果

注：M 为 DL 2000 DNA 分子质量标准；1~15 为样品扩增结果；
16 为阴性对照；17 为阳性对照。

表 4-11　不同地区的 PRRSV 检测情况

地区	采样点	数量/份	PRRSV 阳性量/份	阳性率/%
南宁	猪场 1	14	9	62.30
	猪场 2	10	4	40.00
	屠宰场 1	15	2	13.30
	屠宰场 2	17	0	0
钦州	猪场 3	22	14	63.64
	屠宰场 3	15	1	6.67
防城港	猪场 4	20	9	45.00
柳州	猪场 5	19	8	42.11
玉林	猪场 6	18	10	55.67
	猪场 7	5	3	60.00

二、PRRSV 主要基因片段遗传进化分析及氨基酸序列比对

1. PRRSV 阳性样品全基因序列扩增结果

选取 4 份来自博白猪场的 PRRSV 阳性病料（2016 年 2 份，2017 年 2

份），用表 4-1 中所列的 PRRSV 全基因扩增引物扩增 PRRSV 全长，结果 PRRSV-1 F/R、PRRSV-2 F/R、PRRSV-3 F/R、PRRSV-4 F/R、PRRSV-5 F/R、PRRSV-6 F/R、PRRSV-7 F/R、PRRSV-8 F/R、PRRSV-9 F/R 分别能够扩增出 1 105 bp、1 818 bp、1 840 bp、1 902 bp、2 263 bp、2 569 bp、2 463bp、2 309bp、1 860bp 的条带，与预期大小相符（图4-2）。将 PCR 产物克隆到 pEASY-Blunt Cloning 载体上进行测序，并将测序结果进行拼接。

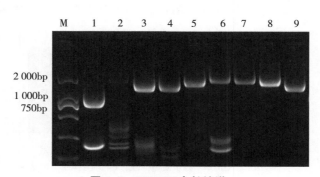

图4-2　PRRSV 全长扩增

注：M 为 DL 2000 DNA 分子质量标准；1~9 为 PRRSV 全长 PCR 扩增结果。

本研究鉴定的 4 株 PRRSV 毒株，GXBB16-1 成功测得了全基因序列，而其他毒株仅能测得部分基因序列。

2. Nsp2 遗传进化分析及氨基酸序列比对

Nsp2 是 PRRSV 病毒各蛋白中变异最大的蛋白，氨基酸残基数为 849~980 位。各毒株基因结构与 VR2332 相比有不同的缺失。通过 NCBI BLAST 比对和同源性分析结果显示，本试验鉴定的四株 PRRSV 毒株 GXBB16-1、GXBB17-1、GXBB17-2 和 GXBB16-2 的 *Nsp2* 基因序列与 PRRSV Hanvet1. vn 和 JXA1 衍生毒株同源性最高，同源性为 97.8%~99.6%。四株 PRRSV 毒株之间的 *Nsp2* 同源性为 97.6%~99.8%。GXBB16-1、GXBB16-2、GXBB17-1 和 GXBB17-2 *Nsp2* 基因序列长度均为 2 850nt，能够编码 950 个氨基酸。

PRRSV 病毒 Nsp2 蛋白 47~220 位的氨基酸位点有一个木瓜蛋白酶样蛋白酶区（PLP2），该段序列在动脉炎病毒属各成员中具有很高的保守性。此外，Nsp2 蛋白的 PLP2 区属于卵巢癌蛋白酶家族成员，能够抑制 NF-κB 的激活。本研究鉴定的四株 PRRSV 在 PLP2 区具有很高的保守性，同源性为 100%。

遗传进化分析结果（图 4 – 3）显示 GXBB16 – 1、GXBB17 – 1、GXBB17-2 亲缘性较高，且与强毒株 NT1、NT2、NT3、来自越南的 Hanvet1. vn 以及疫苗株 JXA1-P100 亲缘关系较近，均属于 JXA1-like 亚型。而 GXBB16-2 与上述毒株位于不同的小分支。氨基酸序列比对分析发现，本研究鉴定的四株 PRRSV 与高致病性 PRRSV 毒株一致，与 VR2332 相比，均出现了 1+29 位氨基酸缺失。

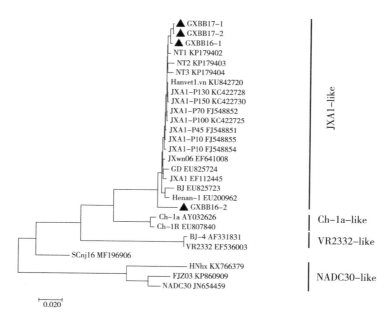

图 4-3　PRRSV *Nsp2* 基因进化树分析

注：图中▲代表样本毒株。

有研究表明 Nsp2 有 7 个 B 细胞表位[238]，如图 4-4 所示，本研究鉴定的四株 PRRSV 有 6 个 B 细胞表位（图 4-4 中黑色框内部分），且这些表位同源性很高。其中，在第六个 B 细胞表位 576 位氨基酸位点，GXBB16-1、GXBB17-1、GXBB17-2 具有一个与疫苗株 JXA1-P100 以及强毒株 NT1、NT2 和 NT3 等毒株共有的 A-V 突变。在 605 位氨基酸和 709 位氨基酸位点，GXBB16-1 和 GXBB16-2 出现与 JXA1 衍生株及 Hanvet1. vn 共有的 E-G 突变和 G-M 突变。

此外 GXBB16-1、GXBB16-2、GXBB17-1 和 GXBB17-2 在 2 位氨基酸和 397 位氨基酸位点均发生了一个 G-R 和 K-Q 突变。GXBB17-1 和

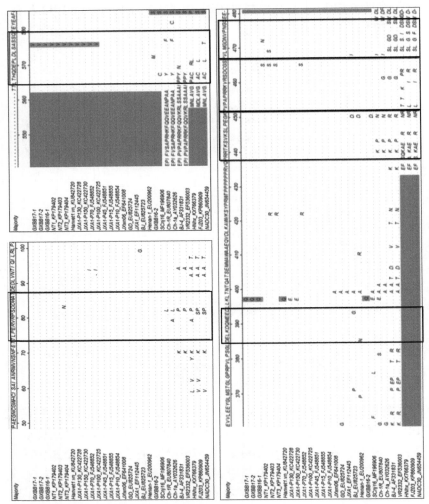

图4-4 PRRSV Nsp2氨基酸序列比对（部分）

注：GXBB16-1、GXBB16-2、GXBB17-1、GXBB17-2与其他国内外毒株Nsp2氨基酸序列比对。预测的B细胞表位用黑框表示。

GXBB17-2 均在 767 位氨基酸和 775 位氨基酸位点发生了一个不同于 JXA1 衍生毒株的 D-G 和 S-L 突变。

与其他三株本研究鉴定的 PRRSV 相比，GXBB16-2 的 Nsp2 氨基酸序列变异较大，共出现 30 个氨基酸突变，主要集中在 580~850 位氨基酸。

3. GP3 遗传进化分析及氨基酸序列比对

NCBI BLAST 比对和同源性分析结果显示 GXBB16-1、GXBB16-2 和 GXBB17-1 的 ORF3 核苷酸序列与 PRRSV JXA1-P150 及 Hanvet1. vn 同源性最高，同源性为 99.3%～99.9%。氨基酸同源性为 99.2%～99.6%。而 GXBB16-1、GXBB16-2 和 GXBB17-1 之间 ORF3 核苷酸同源性为 99.1%～100%。氨基酸同源性为 98.4%～100%，其中 GXBB16-2 和 GXBB17-1 之间同源性为 100%。遗传进化分析结果显示（图 4-5），GXBB16-1、GXBB16-2、GXBB17-1 均属于基因 2 型 PRRSV JXA1-like 亚型。

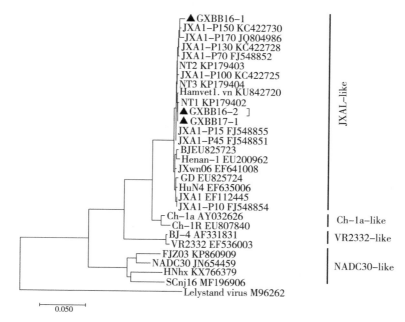

图 4-5 PRRSV GP3 基因进化树分析

注：图中▲代表样本毒株。

GP3 有 4 个抗原位点[239]（图 4-6 黑框内部分）。氨基酸序列比对结果显示（图 4-6），本试验鉴定的 3 株 PRRSV 病毒 GP3 氨基酸序列较为保守。在 79 位氨基酸位点处三株 PRRSV 与 Hanvet1. vn 及 JXA1-P150 等毒株均发生了一个 H-N 突变。此外 GXBB16-2 和 GXBB17-1 与 Hanvet1. vn 及 NT1 均在 244 位氨基酸位点发生一个 R-Q 突变。在 216 位氨基酸和 226 位氨基酸位点 GXBB16-1 还与 JXA1-P170 等毒株均出现了一个 S-L 突变。

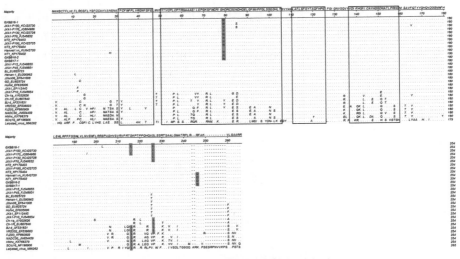

图 4-6   PRRSV GP3 氨基酸序列比对

注：预测的 B 细胞表位用黑框表示。

4. GP5 遗传进化分析及氨基酸序列比对

NCBI BLAST 比对和同源性分析结果显示，GXBB16-1、GXBB16-2 和 GXBB17-2 的 ORF5 核苷酸序列与 PRRSV JXA1-P45 及 PRRSV JXA1-P70 同源性最高，同源性为 99.5%。氨基酸同源性为 99%~99.5%。GXBB17-1 与 NADC30-like 毒株 GXLA12-2012 同源性最高，为 95%。而 GXBB16-1、GXBB16-2、GXBB17-1 和 GXBB17-2 之间 ORF5 核苷酸同源性为 99.1%~100%。氨基酸同源性为 82%~100%，其中 GXBB16-2 和 GXBB17-2 之间同源性为 100%。遗传进化分析结果显示（图 4-7），本研究鉴定的 PRRSV 毒株 GXBB16-1、GXBB16-2、GXBB17-2 均属于基因 2 型 PRRSV JXA1-like 毒株（sub-Lineage 8.3），而 GXBB17-1 则跟 NADC30-like 毒株亲缘关系较近。

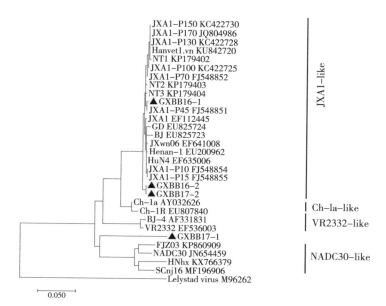

图 4-7　PRRSV *GP5* 基因进化树分析

注：图中▲代表样本毒株。

　　GP5 蛋白有 6 个 B 细胞表位（1~15 位氨基酸，27~35 位氨基酸，37~51 位氨基酸，149~156 位氨基酸，166~181 位氨基酸和 192~200 位氨基酸）（图 4-8 中黑色实线方框显示）和 3 个 T 细胞表位（60~74 位氨基酸，149~163 位氨基酸，115~126 位氨基酸）（图 4-8 中黑色虚线方框显示）[240]。氨基酸序列比对结果显示，GXBB16-1、GXBB16-2、GXBB17-2 与 Hanvet1. vn 及 JXA1-P100 等毒株均在 164 位氨基酸和 196 位氨基酸位点出现一个 G-R 突变 Q-L 突变。GXBB16-2 和 GXBB17-2 还在 35 位氨基酸和 58 位氨基酸位点分别出现特有的 N-T 突变和 Q-K 突变。此外，JXA1-P150、Hanvet1. vn 等毒株在 33 位氨基酸和 59 位氨基酸位点处分别出现一个特有的 N-D 和 K-N 突变。

　　与本研究鉴定的其他三株 PRRSV 相比，GXBB17-1 GP5 氨基酸序列变异较大，共出现 36 个氨基酸变异，且在 9 位氨基酸、147 位氨基酸、166 位氨基酸、185 位氨基酸和 187 位氨基酸位点的突变为 NADC30-like 毒株所特有的。

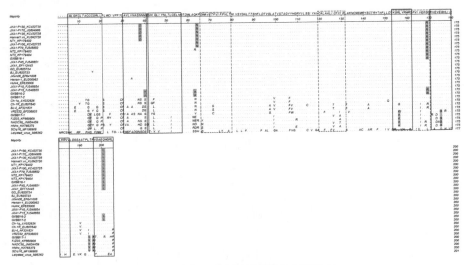

图 4-8 PRRSV GP5 氨基酸序列比对

注：预测的 B 细胞表位用黑色实线方框表示，T 细胞表位用黑色虚线框表示。

三、PRRSV 病毒株的分离鉴定

1. PRRSV 病毒株的分离

四份 PRRSV 阳性组织样品匀浆冻融三次过滤，将滤液接种铺有 Marc145 细胞的 6 孔板。经过 3~4d，收取细胞连同上清液，反复冻融后继续盲传 3 代。收获病毒液接种 Marc145 细胞，接种 GXBB16-1 样品的 Marc-145 细胞在 2d 后出现典型病变（图 4-9）。

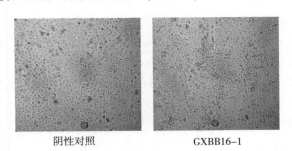

阴性对照　　　　　　　　GXBB16-1

图 4-9 PRRSV GXBB16-1 感染 Marc145 细胞后出现明显病变

2. RT-PCR 鉴定 GXBB16-1

将细胞连同含有病毒粒子的细胞培养液冻融三次后离心，取上清液，过滤后，反复传代 5 次。对获得的病毒提取 RNA，RT-PCR 检测，结果可看到与预期大小相同的目的条带，阴性对照没有特异性条带（图 4-10）。

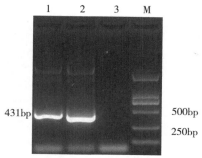

图 4-10　PRRSV GXBB16-1 RT-PCR 鉴定

注：M 为 DL2000 DNA 分子标准；1 为 GXBB16-1；2 为阳性对照；3 为阴性对照。

3. GXBB16-1 间接免疫荧光（IFA）鉴定

间接免疫荧光（IFA）鉴定 PRRSV，用 SDAW-17A 一抗和 Cy3 标记的山羊抗小鼠二抗进行检测（图 4-11）。结果证明成功分离到一株 PRRSV 病毒，测序结果与 GXBB16-1 序列一致，全长为 15 355bp。

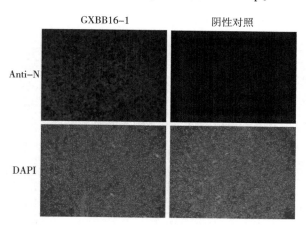

图 4-11　PRRSV GXBB16-1 IFA 鉴定

四、GXBB16-1 致病性检测

在感染 GXBB16-1 后，试验组仔猪出现了呼吸困难，厌食等症状。且体温在短期内迅速升高，在攻毒 1 周左右的时间出现高峰，随后有所下降。

病毒感染 10d 后将感染猪全部剖杀，可见肺脏出现明显的充血现象。制备病理切片。结果显示（图4-12），试验组猪肺部出现典型的肺间隔增宽、肺泡内充血的现象。

对照　　　　　　　　　GXBB16-1

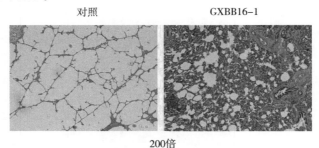

200倍

图4-12　仔猪感染 GXBB16-1 后肺部病理变化

五、GXBB16-1 全基因序列分析

1. GXBB16-1 全基因序列同源性分析

通过同源性分析发现，和 GenBank 中已发表的其他序列相比，GXBB16-1 与美洲型 PRRSV 毒株同源性最高，其中与来自越南的 Hanvet1.vn 以及国内广泛应用的疫苗株 JXA1-P100 同源性最高，达99.6%。而与 LV 株的同源性仅为60.5%（图4-13）。

Percent Identity

	1	2	3	4	5	6	7	8	9	10	11	12	13	14	15	16	17	18	19	20	21	22	23	24	
1		99.6	60.5	89.4	89.3	95.0	94.8	83.8	98.9	98.8	99.1	99.4	99.5	99.6	99.6	99.6	99.5	99.5	99.1	99.4	99.4	99.4	89.5	84.4	GXB816-1
2	0.4		60.5	89.5	89.4	95.2	95.0	83.9	98.9	98.8	99.1	99.7	99.7	99.7	99.7	99.7	99.7	99.4	99.4	99.4	99.4	99.4	89.5	84.5	Hanrelt.vn
3	56.7	56.7		60.7	60.6	60.5	60.5	60.7	60.6	60.5	60.6	60.6	60.6	60.5	60.6	60.6	60.5	60.6	60.6	60.3	60.6	60.6	60.6	60.9	Letystad_virus
4	11.7	11.5	56.3		99.6	91.4	91.3	86.0	89.6	89.6	89.6	89.6	89.6	89.6	89.5	89.6	89.6	89.5	89.6	89.6	89.4	89.5	86.1	86.3	VR2332
5	11.8	11.6	56.5	0.4		91.3	91.2	85.8	89.4	89.4	89.5	89.5	89.5	89.3	89.5	89.5	89.4	89.4	89.5	89.6	89.4	89.5	86.0	86.3	BJ-4
6	5.3	5.1	56.8	9.3	9.4		99.3	84.9	95.0	95.2	95.2	95.1	95.1	95.1	95.1	95.1	95.2	95.2	95.1	95.2	95.1	95.2	86.1	85.7	Cn-1a
7	5.5	5.2	56.8	9.5	9.6	0.7		84.9	95.0	95.0	95.2	95.1	95.1	95.0	95.0	95.0	95.0	95.0	95.1	94.9	94.9	95.0	88.3	85.7	CH-1R
8	18.9	18.8	56.3	16.0	16.2	17.4	17.4		84.0	83.9	84.0	84.0	83.9	83.9	83.9	83.9	83.9	83.9	83.9	83.9	83.9	83.9	88.9	97.1	FJZ03
9	1.1	0.8	56.6	11.5	11.7	5.0	5.2	18.7		99.1	99.4	99.3	99.2	99.2	99.2	99.2	99.1	99.1	99.2	99.2	99.1	99.2	89.6	84.3	GD
10	1.2	0.9	56.7	11.5	11.7	5.1	5.2	18.8	0.9		99.3	99.2	99.2	99.1	99.1	99.1	99.1	99.1	99.1	99.3	99.0	99.0	89.6	84.5	Henan-1
11	0.6	0.6	56.6	11.4	11.5	4.8	5.0	18.6	0.5	0.7		99.6	99.5	99.5	99.4	99.4	99.4	99.4	99.3	99.3	99.3	99.3	89.6	84.6	HuN-4
12	0.6	0.3	56.6	11.4	11.5	5.0	5.1	18.7	0.6	0.8	0.4		99.8	99.7	99.7	99.6	99.6	99.6	99.5	99.5	99.6	99.6	89.7	84.6	JXA1_P10
13	0.5	0.2	56.6	11.5	11.6	5.0	5.1	18.7	0.6	0.8	0.5	0.2		99.9	99.8	99.8	99.7	99.7	99.5	99.5	99.6	99.6	89.7	84.6	JXA1-P45
14	0.4	0.2	56.7	11.5	11.6	5.0	5.2	18.8	0.8	0.9	0.5	0.3	0.1		99.9	99.8	99.8	99.7	99.7	99.7	99.7	99.7	89.7	84.5	JXA1-P70
15	0.4	0.2	56.7	11.5	11.6	5.1	5.3	18.8	0.9	0.8	0.4	0.2	0.2	0.1		99.8	99.8	99.7	99.7	99.7	99.7	99.7	89.7	84.5	JXA1-P100
16	0.4	0.1	56.7	11.5	11.7	5.1	5.2	18.8	0.9	0.9	0.6	0.4	0.3	0.2	0.2		99.9	99.9	99.7	99.7	99.7	99.7	89.7	84.5	JXA1-P130
17	0.5	0.2	56.6	11.5	11.6	5.1	5.3	18.7	0.9	1.0	0.6	0.3	0.2	0.2	0.1			99.9	99.4	99.6	99.6	99.6	89.6	84.5	JXA1-P150
18	0.5	0.2	56.6	11.5	11.6	5.1	5.3	18.7	0.9	1.0	0.6	0.4	0.3	0.2	0.2	0.1	0.1		99.4	99.6	99.6	99.6	89.7	84.5	JXA1-P170
19	0.6	0.6	56.7	11.4	11.5	4.9	5.1	18.7	0.7	0.4	0.5	0.6	0.6	0.6	0.7	0.7				99.3	99.3	99.3	89.7	84.5	JXwn06
20	0.6	0.3	56.6	11.6	11.7	5.2	5.3	18.8	0.8	0.7	0.4	0.3	0.3	0.3	0.3	0.4	0.4	0.7	0.5		99.6	99.6	89.7	84.6	NT1
21	0.6	0.3	56.6	11.6	11.7	5.2	5.3	18.8	0.9	0.7	0.5	0.3	0.3	0.3	0.3	0.4	0.4	0.7	0.5			99.6	89.7	84.6	NT2
22	0.6	0.3	56.6	11.5	11.6	5.0	5.1	18.7	0.9	0.7	0.4	0.3	0.3	0.3	0.4	0.4	0.4	0.7	0.4	0.4			89.7	84.6	NT3
23	11.6	11.3	56.5	15.8	15.9	12.9	13.0	12.3	11.3	11.4	11.2	11.3	11.3	11.3	11.3	11.4	11.3	11.3						89.9	SCry16
24	18.0	17.9	55.9	15.4	15.5	16.4	16.4	3.0	17.8	18.0	17.6	17.9	17.9	17.5	17.5	17.6	17.6	17.6	16.9	17.1	17.1	17.9	11.1		NADC30
	1	2	3	4	5	6	7	8	9	10	11	12	13	14	15	16	17	18	19	20	21	22	23	24	

图4-13　PRRSV 全基因序列同源性分析

2. GXBB16-1 全基因序列遗传进化分析

运用 Mega 软件，分别根据 PRRSV 全基因（图4-14A）和 ORF1a（图

4-14B）、ORF1b（图 4-14C）基因序列，对 GXBB16-1 与国内外其他 23 株具有代表性的毒株进行遗传进化分析。结果均显示，本研究鉴定的GXBB16-1 位于 JXA1-like 亚型分支上。

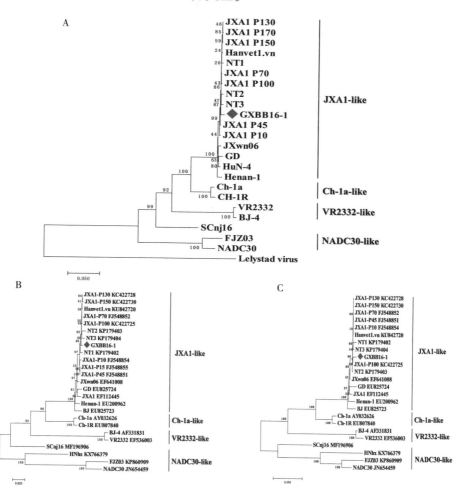

图 4-14　PRRSV 全基因基因序列（A）、ORF1a（B）、ORF1b（C）遗传进化分析

3. 氨基酸序列比对

通过与 24 株参考序列进行氨基酸序列比对分析发现，GXBB16-1 和 Hanvet1. vn 均与 JXA1 衍生株共有 12 个氨基酸残基突变情况完全一致，包括 ORF1a 的 Leu^{243}、Val^{959}、Gly^{988}、Met^{1423}、Thr^{1482}，位于 ORF1b 的 Gly^{428}、

His⁸⁵⁹、Thr¹⁰⁴⁹，以及位于 GP5 蛋白的 Arg¹⁶⁴ 和 Leu¹⁹⁶。结果表明，GXBB16-1 和来自越南的 Hanvet1.vn 及 JXA1 衍生疫苗株高度同源（图 4-15）。

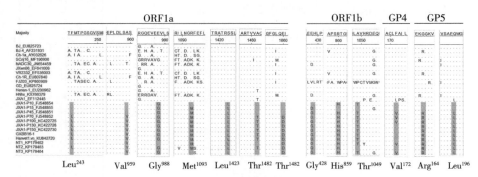

图 4-15　PRRSV 氨基酸序列比对

注：GXBB16-1 与其他参考毒株部分 ORF1a、ORF1b、GP4、GP5 氨基酸序列比对，其中 GXBB16-1 与 JXA1 衍生毒株发生一致突变的位点用阴影标记。

有最新的研究发现，PRRSV Nsp9 Ser⁵¹⁹ 和 Thr⁵⁴⁴ 对 PRRSV 的复制和毒力发挥重要作用。本试验将 GXBB16-1 的 Nsp9 Ser⁵¹⁹ 和 Thr⁵⁴⁴ 位置（本研究中为 Ser⁵²⁴ 和 Thr⁵⁴⁹）与其他 24 株国内外代表毒株进行比对。结果显示（图 4-16），GXBB16-1 与多数强毒株一致，在 524 位氨基酸和 549 位氨基酸位点处分别为 Ser 和 Thr。此外，JXA1 衍生疫苗株在这两个位置上的氨基酸残基也分别是 Ser 和 Thr。

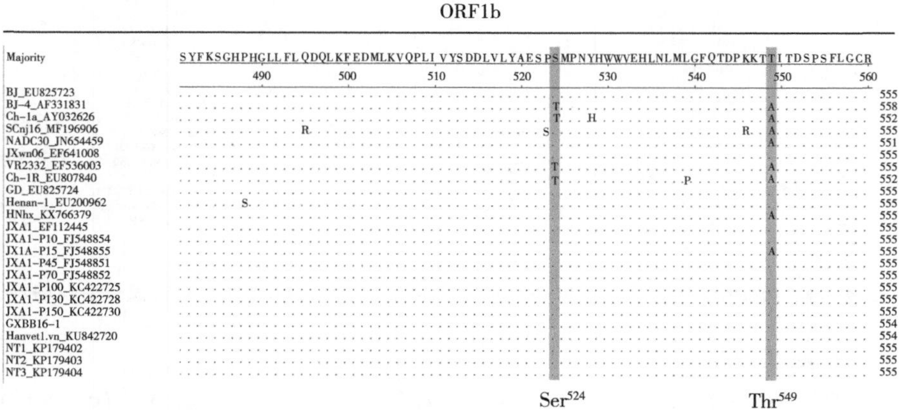

图 4-16　部分 PRRSV ORF1b 氨基酸序列比对分析

注：GXBB16-1 与其他参考毒株部分 ORF1b 氨基酸序列比对。用阴影标记 Ser⁵²⁴ 和 Thr⁵⁴⁹。

　　氨基酸序列比对分析发现（图 4-17），GXBB16-1 和 Hanvet1.vn 均与 JXA1 衍生株共有 10 个氨基酸残基不同，包括 ORF1a 的 Arg^{385}、Leu^{973}、Gly^{1164}、Thr^{2400}，ORF1b 的 Ala^{1364}，GP2 的 Leu^{41}、Leu^{43}、Gly^{63}，以及位于 GP3 蛋白的 Leu^{203}、和 Leu^{216}。

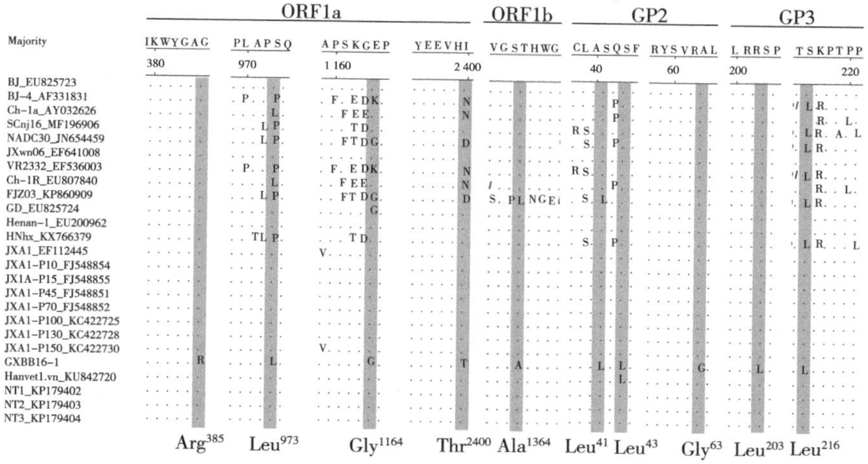

Majority	ORF1a				ORF1b	GP2		GP3	
	IKWYGAG 380	PLAPSQ 970	APSKGEP 1160	YEEVHI 2400	VGSTHWG	CLASQSF 40	RYSVRAL 60	LRRSP 200	TSKPTPP 220
BJ_EU825723									
BJ-4_AF331831		P..P..	F.EDK.		N	.P			I.L.
Ch-1a_AY032626		.L	F.EE.		N	.P	.P	R.	L.
SCnj16_MF196906		.L	T.D.		D			R.A.L	.L
NADC30_JN654459		.L.P	FTDG.		N	R.S.	.P	R.	
JXwn06_EF641008									
VR2332_EF536003		P..P.	F.EDK.		N	R.S.		I.L	R.
Ch-1R_EU807840		.L	F.EE.		N			R.L.	L.
FJZ03_KP860909		.L.P	FTDG.		D	S.PLNGE.	.S.L		
GD_EU825724									
Henan-1_EU200962									
HNhx_KX766379		TL.P.	T.D.					L.R.	L.
JXA1_EF112445			V..						
JXA1-P10_FJ548854									
JX1A-P15_FJ548855									
JXA1-P45_FJ548851									
JXA1-P70_FJ548852									
JXA1-P100_KC422725									
JXA1-P130_KC422728									
JXA1-P150_KC422730			V..						
● GXBB16-1	R	.L	.G	T	A	.L.L	.G	.L	.L
Hanvet1.vn_KU842720									
NT1_KP179402									
NT2_KP179403									
NT3_KP179404									

Arg^{385}　　Leu^{973}　　Gly^{1164}　　Thr^{2400}　Ala^{1364}　Leu^{41} Leu^{43}　Gly^{63}　Leu^{203} Leu^{216}

图 4-17　GXBB16-1 与 JXA1 衍生毒株差异氨基酸变异分析

注：GXBB16-1 与 JXA1 衍生毒株不同的变异用阴影标记。

第四节　讨　论

　　猪繁殖与呼吸综合征（PRRS）是目前严重危害全球养猪业的一种高度接触性传染病，由 PRRSV 引起。据估算，PRRS 每年给美国带来 66.4 亿美元的经济损失[3]。PRRS 最早于 1987 年被在美国报道，随后出现在欧洲和亚洲[241-244]。有回顾性研究显示，1979 年保存在加拿大的血清样品中检测到 PRRSV 抗体阳性结果，表明 PRRSV 在 1979 年前就开始在猪群中传播[245]。1995 年在我国首次出现 PRRS 病例，随后被分离鉴定，发现其属于基因 2 型 PRRSV。2006 年我国流行的高致病性 PRRSV 毒株 Nsp2 发生了 30 个氨基酸缺失[246]，代表毒株为 JXA1、TJ 和 HuN4，分别是现在应用广泛的弱毒疫苗株 JXA1-R、TJM-F92 和 HuN4-F112 的亲本毒株[247-249]。此后，这种高致病性毒株成为我国境内主要流行毒株。2013 年开始，PRRSV 阳性率在临床检测中显著上升，可能与被认为是从美国传入中国的 NADC30-like

毒株有关[57,62]。现阶段高致病性 PRRSV 和 NADC30-like 毒株是我国境内的主要流行毒株[5]。

国内研究人员根据 NCBI 登录的我国 1996—2016 年间所有 PRRSV 毒株的 ORF5 基因进行了系统发生进化树分析，对我国境内各省市过去 20 年内主要 PRRSV 流行毒株和传播情况进行了系统分析。结果发现，我国广西境内在过去 20 年时间主要流行毒株为基因 2 型 JXA1-like 亚型（sub-Lineage 8.3），NADC30-like 毒株极少，目前尚无基因 1 型 PRRSV 报道。

本研究利用 RT-PCR 方法检测了实验室于 2016 年和 2017 年在广西壮族自治区收集到的一些疑似 PRRSV 阳性的肺脏病料样品。并选取了 4 份广西壮族自治区博白市样品进行全基因序列测序并对 Nsp2、ORF3、ORF5 序列进行分析。以期为揭示现阶段广西 PRRSV 病毒的进化特征提供重要信息，并为当地 PRRSV 防控提供一定的理论参考。

Nsp2 是 PRRSV 最大最神秘的非结构蛋白，不同 PRRSV 亚型之间变异很大。其高变区可容受大片段氨基酸的缺失、变异[250-251]。本研究对 4 株 PRRSV 病毒 Nsp2 基因进行了克隆和测序分析。通过分析氨基酸序列比对结果发现，4 株 PRRSV Nsp2 具有典型的 30 个氨基酸缺失。不同来源的 PRRSV 毒株 Nsp2 木瓜蛋白酶样蛋白酶区（47~220 位氨基酸）氨基酸序列在不同亚型间高度保守。

GXBB16-1、GXBB17-1、GXBB17-2 与 JXA1-like 其他毒株的差异表现在 2 位和 497 位氨基酸位点的 G-R 和 K-Q 突变。GXBB16-1 与 GXBB17-1、GXBB17-2 相比，在 605 位氨基酸、710 位氨基酸、767 位氨基酸和 775 位氨基酸位点处分别有一个氨基酸差异，其中，在 605 位氨基酸和 710 位氨基酸位点处 GXBB16-1 与 JXA1-P150 等毒株出现一个 E-G 和 R-M 突变。GXBB16-2 氨基酸序列与 JXA1-like 其他毒株相比同源性较低，差异主要发生在高变区。四株 PRRSV 在预测的抗原表位区内同源性较高。上述研究结果表明，本研究鉴定的 PRRSV Nsp2 氨基酸序列与 JXA1-like 毒株同源性很高，但也出现了数个特有的变异，这些特有的氨基酸变化是否会对 PRRSV 病毒的毒力或复制产生影响还有待进一步研究。

系统发生进化树证实 GXBB16-1、GXBB17-1 和 GXBB17-2 毒株属于 JXA1-like 毒株。而 GXBB16-2 则属于不同的分支，且在 585~708 位氨基酸位点与 CH-1a 相似性较大，GXBB16-2 可能在该处发生了重组。

GP3 有 4 个抗原区（32~46 位氨基酸，51~105 位氨基酸，111~125 位氨基酸和 137~159 位氨基酸）[239,252-253]。本研究中的 GXBB16-1、

GXBB16-2、GXBB17-1 在这四个区内高度保守，且在糖基化位点处也很保守，抗原位点变化与 JXA1 衍生疫苗株一致。GXBB16-1 仅在 203 位氨基酸和 206 位氨基酸位点处出现不同于其他 JXA1-like 亚型的氨基酸变异，由于该段氨基酸是胞内区，对抗原性没有影响。

GP5 蛋白是 PRRSV 的主要囊膜蛋白。有 6 个 B 细胞表位（1~15 位氨基酸，27~35 位氨基酸，37~51 位氨基酸，149~156 位氨基酸，166~181 位氨基酸和 192~200 位氨基酸）和 3 个 T 细胞表位（60~74 位氨基酸，149~163 位氨基酸和 115~126 位氨基酸）[240,252,254]。GP5 蛋白是 PRRSV 诱导产生中和性抗体的主要蛋白，且 GP5 蛋白的胞外区（32~61 位氨基酸）是最重要的中和表位。GXBB16-1 的 GP5 高度保守，与强毒株 NT3 和 JXA1-P45 氨基酸同源性为 100%。而 GXBB16-2 和 GXBB17-2 在 35 位氨基酸和 58 位氨基酸位点分别出现特有的 N-T 突变和 Q-K 突变，两个特有的氨基酸突变均发生于 GP5 蛋白的胞外区，对 GXBB16-2 和 GXBB17-2 抗原性产生了一定的影响，但该变化是否影响当前疫苗的免疫效果还有待验证。

根据之前的研究发现，目前广西的主要流行毒株为 PRRSV Lineage8.3，本研鉴定的毒株也主要是 JXA1-like 毒株。GXBB17-1 的 GP5 与 NADC30-like 更为相似，推测其可能出现了基因重组。

本研究鉴定的 GXBB16-1 在核苷酸水平和主要氨基酸水平上均与 Hanvet1.vn 及疫苗株 JXA1-P100 具有极高的同源性。致病性发现，4 周龄 PRRSV 血清学抗体阴性的仔猪感染 GXBB16-1 后表现出明显的呼吸困难、食欲减退、皮肤发绀等症状，且在感染病毒后体温上升明显。肺脏病理组织学检查也发现了明显的病理变化，表明本研究分离的 GXBB16-1 具有较强的致病性。GXBB16-1 和 Hanvet1.vn 均与 JXA1 衍生株共有 12 个氨基酸残基突变完全一致，包括 ORF1a 的 Leu[243]、Val[959]、Gly[988]、Met[1423]、Thr[1482]，位于 ORF1b 的 Gly[428]、His[859]、Thr[1049]，以及位于 GP5 蛋白的 Arg[164]、和 Leu[196]。表明 GXBB16-1、Hanvet1.vn 与 JXA1 衍生疫苗株高度同源。说明该毒株有可能是 JXA1-P100 疫苗株毒力返强进化而来。另外 GXBB16-1 与来自越南的 Hanvet1.vn 也具有极高的同源性，由于我国广西地区与越南之间贸易较为频繁，所以也不排除该毒株由越南跨境传入我国的可能性。

有研究报道，Nsp9 氨基酸序列的 Ser[519] 和 Thr[544] 是影响 PRRSV 毒力及复制作用的关键氨基酸位点[255]。对 GXBB16-1 与本研究选用的参考毒株的这两个氨基酸残基进行比对发现，GXBB16-1 与多数强毒株一致，在 524 位氨基酸和 549 位氨基酸位点处分别为 Ser 和 Thr。此外，JXA1 衍生疫苗株在这两个位置上的氨基酸残基也分别是 Ser 和 Thr。表明这两个氨基酸并不是引起 JXA1 衍生疫苗株毒力反强的关键位点。为了进一步探讨可能与 JXA1 衍生疫苗株毒力相关的氨基酸位点，对 GXBB16-1 与 JXA1 衍生毒株氨基酸序列进行比对分析，发现了共有 10 个氨基酸残基不同，包括 ORF1a 的 Arg^{385}、Leu^{973}、Gly^{1164}、Thr^{2400}，ORF1b 的 Ala^{1364}，GP2 的 Leu^{41}、Leu^{43}、Gly^{63}，以及位于 GP3 蛋白的 Leu^{203}、和 Leu^{216}。这些氨基酸位点可能与 PRRSV GXBB16-1 毒力反强相关，该假设还需进一步试验证明。

第五节　小　结

本研究对广西壮族自治区部分地区猪肺脏组织样品进行 RT-PCR 检测，发现 2016 年的猪场肺脏病料中 PRRSV 阳性率为 52.7%（57/108）。屠宰场样品中 PRRSV 阳性率为 6.4%（3/47）。2017 年收集到的博白猪肺脏病料中，PRRSV 阳性率为 21.4%（3/14）。

部分主要基因序列遗传进化分析及氨基酸序列比对发现，本研究鉴定的毒株主要属于 JXA1-like 亚型，与其他 JXA1-like 亚型毒株及来自越南的 Hanvet1.vn 具有较高的同源性。GXBB17-2 的 GP5 序列与 NADC30-like 毒株亲缘关系更近。四株 PRRSV 部分氨基酸位点出现突变。

本研究成功分离到 GXBB16-1 毒株，对其致病性分析发现该毒株具有较强的致病性，且该毒株与 JXA1-P100 和来自越南的 Hanvet1.vn 具有极高的同源性。GXBB16-1 有 12 个氨基酸突变与 JXA1 衍生株完全一致，有 10 个氨基酸突变与 JXA1 衍生株不同。

第五章 猪 IFITM 抑制 PRRSV 复制作用研究

机体细胞在感染病毒后，能够识别入侵病原的病原相关分子模式（PAMPs）。病毒的病原相关分子模式通常以核酸形式存在，来自它们的基因组 DNA 或 RNA。位于各种细胞成分中的模式识别受体（PRR）家族能够协同工作来识别 PAMPs，从而激活干扰素（IFN）调控因子（IRF-3/IRF-7）以及核因子（NFκB）[101]。PAMP 被识别后激活的信号可以引起 IRF-3/IRF-7 发生二聚化并随 NFκB 转移到细胞核中，导致相关细胞表达并分泌 I 型 IFN 和促炎性细胞因子。IFN 引发的自分泌和旁分泌信号能够诱导大量下游 IFN 刺激基因（ISGs）的表达，以建立一种抗病毒状态。ISGs 在病毒的进入、复制、装配、释放等不同的生命阶段发挥作用。为了更有效地感染宿主，病毒会利用宿主的翻译机制来生产病毒蛋白。ISGs 通常会通过抑制病毒蛋白的翻译来发挥抗病毒作用[195]。事实上，一些研究最多的 ISGs 蛋白，比如 PKR、OAS 等，都是通过这种途径来抑制病毒复制的。

IFITM 家族基因是唯一发挥抗病毒进入作用的 ISGs。人的 IFITM 家族蛋白包括四个成员 IFITM1、IFITM2、IFITM3 和 IFITM5。人们最近发现，这些蛋白具有抑制流感病毒感染的能力。从此以后，人们陆续发现，IFITM 能够抑制许多种病毒，且这种广谱抗病毒作用并不是在病毒与受体结合的时候出现的。IFITM 蛋白在晚期内体和溶酶体内含量丰富。与此对应，能够被 IFITM 抑制的病毒通常都需要通过这些囊泡转运进入宿主。

PRRSV 是一种具有囊膜结构的单股正链 RNA 病毒。已有研究表明猪 IFITM3 能够有效抑制无囊膜的单股正链 RNA 病毒口蹄疫的复制[256]。本研究主要想探索 IFITM 分子在 PRRSV 感染过程中的应答情况，以及 IFITM 分子对 PRRSV 复制的影响。

鉴于 PRRSV 容易发生突变，现有的疫苗对不同亚型毒株之间交叉保护作用较弱，且 PRRSV 存在与 PCV2、PCV3 等病毒混合感染的情况。已有研究表明 IFITM 分子对一些 RNA 病毒和 DNA 病毒均有抑制作用。因此，探索具有广谱抗病毒作用的 IFITM 分子对 PRRSV 复制作用的影响，有助于开发新的 PRRSV 综合防控手段。

第一节　材料方法

一、毒株

本试验所用毒株 GXBB16-1 为第一章中分离鉴定并保存。Marc-145 细胞由本实验室所有。该毒株的滴度由 Karber 法测得。

二、质粒

本试验中使用的质粒 pLV-sIFITM1、pLV-sIFITM2、pLV-sIFITM3 均是实验室前期构建。酶切测序鉴定正确后用于后续试验。

三、试验动物

15 头 4 周龄仔猪购自吉林省长春市某猪场。利用 ELISA 血清学检测，选择 PRRSV、PCV2、JEV 血清学抗体阴性的仔猪进行后续原代 PAM 和 PBMC 细胞分离试验。

四、主要试剂

DL2000 DNA Marker、Primer 9、dNTP、ExTaq DNA 聚合酶等均购于 Takara（大连宝生物工程有限公司）；50×TAE 缓冲液购于北京索莱宝科技有限公司；1640 培养基、胎牛血清、青霉素链霉素（双抗）等为 Hyclone 产品；柱式 RNA 提取试剂盒购于生工生物工程（上海）股份有限公司；SYBR Green I 荧光染料、RNA 酶抑制剂、MLV 反转录酶购于 Promega 公司。

五、主要仪器设备

Tanon GIS-2008 凝胶成像系统购于上海天能科技有限公司；ABI Prism R 7500 荧光定量；PCR 仪购于美国 ABI 公司、漩涡振荡器购自赛默飞世尔科技（中国）有限公司。

六、引物设计与合成

根据 NCBI 中登录的猪 *IFITM1*、*IFITM2*、*IFITM3* 等基因序列，使用

Primer 5.0 软件设计特异性引物，引物名称大小如表 5-1 所示，均由吉林省库美生物技术有限公司合成。

表 5-1 试验使用的引物

引物名称	引物序列	产物长度/bp
IFITM1 F	CTTCGTGGCTTTCGCCTACTCCG	
IFITM1 R	GAACAGTGGCTCCGATGGTCAG	249
IFITM2 F	CGGTGATCAACATCCGAAGCG	
IFITM2 R	ACAAACACCAGAAGAACAGTGGC	253
IFITM3 F	CGCTTCCCAGCCCTTCTTCACT	
IFITM3 R	CCAGGACCAGAGCCCAGATGTT	329
Sus-β-actin F	CCAAAGCCAACCGTGAGA	
Sus-β-actin R	CTCGTTGCCGATGGTGAT	424
PORF7-F	AAACCAGTCCAGAGGCAAGG	
PORF7-R	TCAGTCGCAAGAGGGAAATG	272
Si-IFITM3-001	GGGCCTCCTTCTGATCATT	—
Si-IFITM3-002	GCAGTTCTGCAGCTCATAA	—
Si-IFITM3-003	GCGTTCATCATCGTTTGCA	—
siNCon	siRNA Universal Negative Control	—

第二节 试验方法

一、原代猪肺泡巨噬细胞（PAM）的分离

（1）无菌采取 PRRSV、PCV2、JEV 血清学阴性的 4 周龄仔猪肺脏（用高压灭菌的线绳提前将气管结扎）。

（2）用无菌生理盐水将肺脏表面的血液残留清洗干净。

（3）在线绳结扎处近心端将气管用高压灭菌的剪刀剪开一个小口。

（4）用移液管向剪开的小口中加入无菌 PBS，共 50~100mL。

（5）轻轻拍打肺脏表面 2~3min，将肺泡灌洗液回收到 50mL 离心管中。

（6）重复上述步骤（4）和（5）数次，共收集到约 300mL 肺泡灌洗液，1 900r/min 离心 10min。

（7）弃去上清液，用无血清的 1640 培养基将细胞沉淀轻柔重悬，

1 900r/min 离心 10min。

（8）弃掉上清液，用含 10%胎牛血清的 1640 培养基将细胞沉淀重悬，计数后将细胞接种 12 孔板，细胞密度调整为 1×10^6 个/孔。

（9）剩余的细胞用含 10%DMSO 的胎牛血清将细胞沉淀重悬，按照 1×10^7 个/管，将分离到的原代 PAM 细胞冻存。

二、原代猪外周血淋巴细胞（PBMC）的分离

（1）通过前腔静脉无菌采取 PRRSV、PCV2 血清学阴性的 4 周龄仔猪抗凝血，10mL/头。

（2）取无菌 15mL 离心管，先加入 4mL 猪外周血淋巴细胞分离液，贴壁缓慢加入 4mL 猪外周抗凝血，3 500r/min 离心 30min。

（3）小心吸取中间细胞层到 15mL 离心管中，加入无血清 1640 培养基，5mL/孔，将细胞轻柔重悬混匀，1 500r/min 离心 10min。

（4）弃去上清液，用红细胞裂解液将细胞沉淀轻柔重悬，室温裂解 5~10min，1 500r/min 离心 10min。

（5）用无血清的 1640 培养基将细胞沉淀轻柔重悬，1 500r/min 离心 10min 后弃去上清液。

（6）重复步骤（5）一次。

（7）用含有 10%胎牛血清的 1640 培养基将细胞沉淀重悬，细胞计数。

（8）接种 12 孔板，细胞密度为 1×10^6 个/孔，放 37℃温箱中培养 12h。

（9）剩余的原代 PBMC 用含有 10% DMSO 的胎牛血清重悬，按照每管 1×10^7 个进行冻存备用。

三、接毒

（1）将铺有 PAM 和 PBMC 的 12 孔板从温箱中取出，各设接毒组 4 孔和对照组 4 孔。

（2）分别在 PAM 和 PBMC 接毒组中按照 0.1 MOI = 0.1 的接毒量接种 PRRSV，对照组接等体积的 1640 培养基。

（3）分别在接毒后 12h、24h、36h 和 48h 收取接毒组和对照组细胞孔中的细胞样品。

四、接种 PRRSV 的 PAM、PBMC 中 *IFITM* 基因表达变化

（1）按照生工柱式 RNA 提取试剂盒说明，提取 PAM、PBMC 不同时间

点接毒组和对照组细胞样品总 RNA，并测浓度。

（2）将 PAM 和 PBMC 的 RNA 样品调整到相同的量（3.8μg/29μL）。

（3）按照第四章第一节中描述的方法进行反转录。

（4）用 RT-PCR 检测 GXBB16-1 在原代 PAM 和 PBMC 中的复制情况。用相对荧光定量法检测 *PRRSV ORF7*、*IFITM1*、*IFITM2*、*IFITM3* 等基因的转录水平变化。

五、猪 IFITM 慢病毒包装

（1）用 293T 细胞接种 10cm 平皿，每个平皿细胞数量为 5×10^6 个，将平皿放 37℃ 细胞培养箱中培养 24h。

（2）利用实验室保存测序正确的 PLV-sIFITM1、PLV-sIFITM2、PLV-sIFITM3 慢病毒载体质粒和 pLP1、pLP2、pLP/VSVG 包装质粒配置转染体系（表 5-2）。

表 5-2　慢病毒包装体系

质粒	加入量	转染试剂	
慢病毒载体	6μg		
pLP1	3μg	X-tremeGENE HP Reagent	2 : 1
pLP2	3μg		
pLP/VSVG	1.5μg		
Opti-MEM	600μL	Opti-MEM	600μL
总体积：1.2 mL，轻柔混匀			

（3）将上述体系配好后室温孵育 20min。

（4）将转染体系逐滴滴入铺有 293T 细胞的平皿中放 37℃ 温箱中孵育 6h。

（5）将细胞培养液全部吸出，贴壁缓缓加入 10mL 新鲜的含 10%FBS 的 DMEM 培养基，放 37℃ 细胞培养箱中培养 48h。

（6）在转染后 48h 收集细胞培养上清液，用 0.45μm 滤膜将细胞碎片过滤清除，分装后放 -80℃ 冰箱中冻存。

六、Marc145 嘌呤霉素敏感性试验

（1）用 Marc145 细胞按照 1×10^4 个/孔接种 2 个 24 孔板。

（2）按照 1.0μg/孔、1.5μg/孔、2.0μg/孔、2.5μg/孔、3.0μg/孔、3.5μg/孔、4.0μg/孔、4.5μg/孔、5.0μg/孔、5.5μg/孔、6.0μg/孔、6.5μg/孔、7.0μg/孔、7.5μg/孔、8.0μg/孔、8.5μg/孔、9.0μg/孔、9.5μg/孔、10.0μg/孔的剂量加入 24 孔板中，每个浓度设置一个复孔，放 37℃细胞培养箱中每天观察细胞状态，并维持嘌呤霉素浓度，每隔 1d 换液 1 次。

（3）选 1 周后细胞完全漂浮的浓度作为筛选细胞系的浓度。

七、慢病毒感染构建 Marc145-IFITM 稳定表达细胞系

（1）用 Marc145 细胞接种 6 孔板，将细胞密度调整为 5×10^5 个/孔，放 37℃细胞培养箱中培养 24h。

（2）吸弃细胞培养液，平皿中加入新鲜的无血清 DMEM 培养基，将适量的慢病毒液与终浓度为 6μg/mL 的 Polybrene 加入 6 孔板中培养 24h。

（3）将细胞培养液全部吸弃，加入新鲜的含 10% FBS 的 DMEM 细胞培养液。

（4）病毒感染 48h 后，将细胞消化计数，按照 5×10^3 个/孔接种 24 孔板，按照 4.5μg/mL 的浓度筛选稳定表达细胞系。

（5）维持嘌呤霉素的浓度，每 2d 换新鲜的培养液，将死细胞洗掉，3d 后细胞开始死亡，1 周后细胞不再死亡。

（6）挑选单细胞克隆到 12 孔板中，每个克隆一个孔，维持嘌呤霉素浓度，用含 20% FBS 的 DMEM 培养基继续培养，直到细胞长满用 RT-PCR 和 Western blot 检测目的基因表达。

八、荧光定量 PCR 分析 IFITM 抑制 PRRSV 复制作用

（1）按照 5×10^4 个/孔的密度接种 Marc145-IFITM3 和 Marc145-puro 到 24 孔板中，培养 24h。

（2）将细胞培养液弃去，加入新鲜的无血清 DMEM 培养基，100μL/孔。

（3）按照 MOI = 0.01 的毒量接种 PRRSV，放 37℃细胞培养箱中培养 2h。

（4）补加细胞维持液，100μL/孔，放 37℃细胞培养箱中继续培养。

（5）在接毒后 12h、24h、36h、48h 分别收集细胞样品。

（6）用 RNA 提取试剂盒提取细胞总 RNA，测定浓度，定量，反转录。

（7）用相对荧光定量 PCR 的方法检测 PRRSV ORF7 mRNA 表达水平在不同时间点的变化。

九、间接免疫荧光分析 IFITM 抑制 PRRSV 复制作用

在病毒接种 48h 后，弃去细胞上清液，按照第四章第二节中描述的方法进行间接免疫荧光检测。

十、Western blot 分析 IFITM 抑制 PRRSV 复制作用

1. 细胞样品制备

（1）按照 1×10^5 个/孔密度接种 Marc145-IFITM3 和 Marc145-vector 到 12 孔板中，培养 24h。

（2）将细胞培养液弃去，加入新鲜的无血清 DMEM 培养基，100μL/孔。

（3）按照 MOI = 0.01 的接毒量接种 PRRSV，放 37℃ 细胞培养箱中培养 2h。

（4）补加细胞维持液，100μL/孔，放 37℃ 细胞培养箱中继续培养。

（5）在接毒后的 12h、24h、36h、48h 分别吸弃上清液，用 4℃ 预冷的 PBS 将细胞洗两遍，500μL/孔。

（6）用含有 1%PMSF 的 RIPA 细胞裂解液 100μL/孔裂解细胞样品并收集细胞裂解物到 1.5mL EP 管中。

（7）将上述获得的细胞裂解物在 4℃ 条件下 12 000r/min 离心 10min。

（8）收集上清液转移到新的 1.5mL EP 管中备用。

2. 蛋白标准品制备

（1）按照 BCA 蛋白定量试剂盒说明，吸取 1.2mL 试剂盒中的蛋白标准制备液加入一管蛋白标准（30mg BSA）中，轻柔混匀后得到 25mg/mL 的蛋白标准溶液。

（2）用 ddH$_2$O 将 25mg/mL 的蛋白标准溶液稀释 50 倍，即 0.5mg/mL，终体积为 1mL。

3. 配置 BCA 工作液

根据所需测定样品的数量，按照 50 体积的 BCA 试剂 A 中加入 1 体积 BCA 试剂 B 来配置 BCA 工作液，上下颠倒混匀后备用。

4. 蛋白定量、制样

（1）将 2 中稀释好的标准品按照 0、1μL、2μL、4μL、8μL、12μL、

16μL、20μL 加入 96 孔板的标准品孔中，加 ddH₂O 补足到 20μL，每孔标准品的终浓度分别为 0、0.025mg/mL、0.05mg/mL、0.1mg/mL、0.2mg/mL、0.3mg/mL、0.4mg/mL、0.5mg/mL。

（2）向样品孔中加入 18μL ddH₂O 和 2μL 待测的蛋白样品，记好样品加样顺序。

（3）向标准品孔和样品孔中分别加入 200μL BCA 工作液，37℃ 温箱中放置 30min。

（4）用酶标仪测定 560nm 波长处各孔吸光度。

（5）根据标准曲线及样品稀释度计算蛋白样品浓度。

（6）根据所测蛋白样品浓度，将每个蛋白样品总量调整到 120μg/80μL。

（7）向各样品中加入 20μL 5×SDS 蛋白上样缓冲液，充分混匀后在水浴锅中煮样 10min，瞬时离心备用。

5. SDS-PAGE

（1）用清洁剂将玻璃板清洁干净，随后用大量自来水反复冲洗，用无水乙醇冲洗数次后自然晾干。

（2）制胶。配置 12% 的分离胶，用 ddH₂O 进行封闭，室温静置 30min，待分离胶充分凝固后倒出水层，并用滤纸将残留的水渍吸干净。

（3）配 12% 的浓缩胶，将胶缓慢灌入玻璃板中并及时插入电泳梳，避免产生气泡，室温静置 30min。

（4）待浓缩胶充分凝固后将玻璃板置于电泳缓冲液中，小心拔掉电泳梳。

（5）用小枪头小心刮掉玻璃板之间残留的胶丝，将制好的蛋白样品缓慢加入上样孔中。

（6）80V 电压下蛋白样品进行电泳，当溴酚蓝条带到达底边时，停止电泳。

6. 转膜

（1）取出玻璃板，轻轻分开两层玻璃板，并轻柔切下玻璃板上的蛋白胶，将其放入转膜缓冲液中。

（2）根据蛋白胶大小尺寸裁剪 NC 膜及厚滤纸板，并将其浸入转膜缓冲液中。

（3）打开转膜仪，依次叠加放入厚滤纸板、NC 膜、蛋白胶及厚滤纸板，期间逐层滴加少量转膜缓冲液，并用滚轮轻轻将各层间气泡赶出。

（4）盖好转膜仪上层盖。

（5）将电压设置为 15V，时间设置为 30min，开始转膜。

7. 封闭

用配置好的含有 5% 脱脂乳的 TBST 溶液进行封闭，常温下封闭 1h 或 4℃封闭过夜。

8. 抗体孵育

（1）根据抗体说明书，用一抗稀释液将一抗稀释到适宜的浓度，一般稀释度为 1 : 1 000。

（2）根据待检蛋白样品大小，将 NC 膜上和 Marker 对应的位置裁下，放入一抗孵育盒中，蛋白面朝上，4℃过夜。

（3）将条状 NC 膜从一抗稀释液中取出，用 TBST 洗膜 3 次，每次 10min。

（4）根据山羊抗小鼠二抗说明书，将二抗按照 1 : 500 的比例进行稀释，将 TBST 洗过的条状 NC 膜放入加有二抗的抗体孵育盒中，室温孵育 1h。

（5）用 TBST 将条状 NC 膜充分洗 3 次，10min/次。

9. ECL 显影

（1）将条状 NC 膜从二抗孵育液中取出，放到干净的玻璃板上。

（2）将 ECL 显影液 A 和 B 按照 1 : 1 的比例混匀后逐滴滴加到 NC 膜上放曝光仪中曝光显影。

（3）拍摄并保存图片以备后续分析。

十一、siRNA 转染

委托上海吉玛制药技术有限公司设计合成三条靶向猪 *IFITM3* 基因的 siRNA，同时设计了无效 siRNA NC 对照。

（1）以（4~5）×10^4个/孔的细胞密度将 Marc145-IFITM3 及 Marc145-vector 细胞接种 24 孔板，放 37℃温箱中培养 24h。

（2）在 50μL 的 Opti-MEM 中加入 20pmol siRNA 轻柔混匀。

（3）用 50μL Opti-MEM 稀释 3μL Lipofectamine® RNAi MAX Reagent，轻柔混匀，室温放置 5min。

（4）将稀释好的 siRNA 和 RNAi MAX Reagent 试剂混匀，室温放置 20min，以形成 siRNA/lipofectamin 复合物。

（5）将室温孵育好的 100μL siRNA/Lipofactamin 复合物逐滴轻柔地加入

24 孔板中，缓慢来回晃动细胞培养板数次。

（6）将细胞在 37℃ 温箱中培养 24~48h，收取细胞样品，提取细胞中总 RNA 并反转录，用荧光定量 PCR 方法检测 siRNA 对 *IFITM3* 基因 mRNA 的敲低水平，选效率最高的 siRNA 进行后续试验。

第三节　结　果

一、荧光定量 PCR 引物扩增产物的特异性判断

根据 GenBank 中登录的猪源 *IFITM1*、*IFITM2*、*IFITM3*、*β-actin* 及猴源 *β-actin* 和 *PRRSV ORF7* 基因序列，利用 Primer 5.0 引物设计软件设计荧光定量 PCR 引物，通过 NCBI BLAST 检测所设计引物的特异性。

为了检测所设计的 qPCR 引物是否可用，本研究首先对其特异性进行了分析，以感染 PRRSV GXBB16-1 株后 PAM 的 cDNA 为模板，对猪源 *IFITM1*、*IFITM2*、*IFITM3*、*β-actin*、*PRRSV ORF7* 进行了扩增。以感染 PRRSV GXBB16-1 株的 Marc145 细胞的 cDNA 为模板，对猴源 *β-actin* 进行了扩增。每个基因设计 24 个复孔，结果如图 5-1 所示，各目的基因的扩增曲线比较平滑，平行性较好。如图 5-2 显示，各目的基因的溶解曲线只含有单一的峰值，表明设计的 qPCR 扩增产物单一，引物具有较好的特异性。综上所述，本研究设计的 qPCR 引物可用于后续试验的研究。

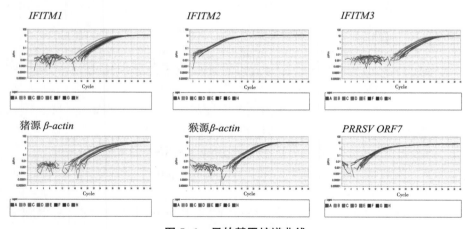

图 5-1　目的基因扩增曲线

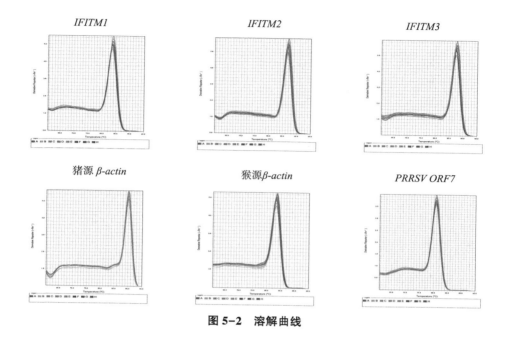

图 5-2　溶解曲线

二、感染 GXBB16-1 后 PAM 的 *IFITM* 基因转录水平显著上调

为了检测 PRRSV GXBB16-1 感染对猪 IFITM 蛋白表达的影响，我们首先分离了猪原代 PAM，然后用 PRRSV GXBB16-1 感染原代猪 PAM。在感染后的不同时间点，分别用 RT-PCR 和 qPCR 检测 PRRSV 对原代 PAM 感染情况，然后用 qPCR 的方法检测猪原代 PAM 在感染 PRRSV GXBB16-1 后 *IFITM* 转录水平变化。RT-PCR 和 qPCR 检测结果显示（图 5-3），PRRSV GXBB16-1 能够很好地感染猪原代 PAM。由于原代 PAM 几乎没有增殖能力，故 PRRSV GCBB16-1 在 PAM 中的载量呈现逐渐下降趋势。qPCR 结果显示（图 5-4），在接种 PRRSV GXBB16-1 后，猪原代 PAM 中 *IFITM* 转录水平在不同时间点均显著上升。且 *IFITM1*、*IFITM2*、*IFITM3* 分别在感染后 36h、24h、36h 达到最高水平。三种基因转录水平均呈现先上调后下调的趋势。

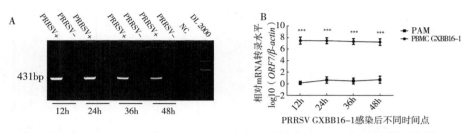

图 5-3   RT-PCR （A） 和 Realtime PCR （B） 检测 PRRSV 对 PAM 的感染情况

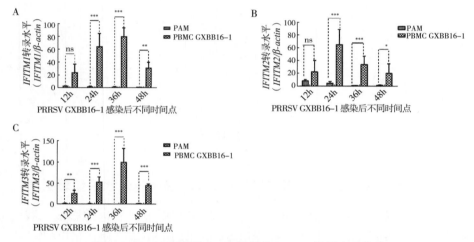

图 5-4   PRRSV 感染 PAM 诱导的 *IFITM* 转录水平变化

三、感染 GXBB16-1 后 PBMC 的 *IFITM* 基因转录水平显著上调

除猪原代 PAM 外，原代猪 PBMC 也是 PRRSV 感染的重要靶细胞。原代猪 PAM 在感染 PRRSV GXBB16-1 后会显著上调 *IFITM* 转录水平，那么 PRRSV GXBB16-1 对原代猪 PBMC 的感染能力如何及其对 PBMC 细胞内 *IFITM* 转录水平会产生怎样的影响？我们首先分离了猪原代 PBMC，然后接种 PRRSV GXBB16-1。在感染后的不同时间点，分别用 RT-PCR 和 qPCR 检测 PRRSV 对原代 PBMC 的感染情况，然后用 qPCR 的方法检测 PBMC 在感染 GXBB16-1 后 *IFITM* 的转录水平变化。RT-PCR 和 qPCR 检测结果显示（图 5-5），PRRSV GXBB16-1 能够很好地感染原代 PBMC。但是跟 PAM 相

比，PRRSV GXBB16-1 对 PBMC 的感染能力要弱很多，由于原代细胞没有增殖能力，所以 PRRSV GXBB16-1 在 PBMC 内的载量也总体呈现下降趋势。qPCR 结果显示（图 5-6），在接种 PRRSV GXBB16-1 后，PBMC 中 *IFITM* 转录水平在前期显著上升。可能是由于 PRRSV 感染后期在 PBMC 中的载量显著下降，细胞中 *IFITM* 的转录水平也呈下降趋势。*IFITM1*、*IFITM2*、*IFITM3* 均在感染后 12h 达到最高水平，上调约 3 倍、4 倍和 9 倍。

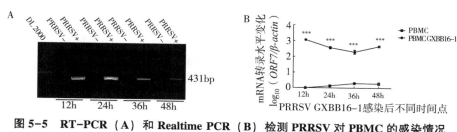

图 5-5　RT-PCR（A）和 Realtime PCR（B）检测 PRRSV 对 PBMC 的感染情况

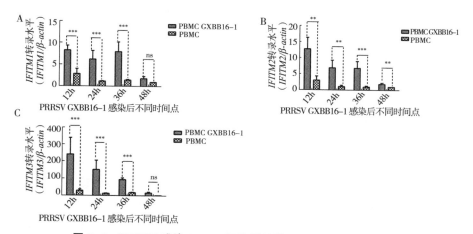

图 5-6　PRRSV 感染 PBMC 细胞诱导的 *IFITM* 转录水平变化

四、猪 IFITM 蛋白氨基酸序列比对

猪 *IFITM1*、*IFITM2*、*IFITM3* 基因 ORF 长度分别为 375bp、435bp 和 438bp。其编码的氨基酸序列长度分别为 124 个氨基酸、144 个氨基酸和 145 个氨基酸。用 DNAstar 软件对猪 IFITM1、IFITM2 和 IFITM3 蛋白氨基酸同源性进行分析。结果显示（图 5-7），3 种基因氨基酸同源性为 61.4% ~ 82.8%。其中 IFITM1 和 IFITM3 之间的氨基酸同源性最低为 61.4%，IFITM2

和 IFITM3 的氨基酸同源性最高，为 82.8%。

氨基酸序列比对结果显示（图 5-8），猪 IFITM1 和 IFITM2 之间有 33 个氨基酸差异。而 IFITM3 与 IFITM2 之间有 25 个氨基酸差异。

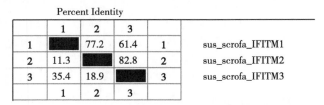

图 5-7　猪 IFITM 蛋白氨基酸同源性分析

图 5-8　猪 IFITM 蛋白氨基酸序列比对

五、Marc145 细胞对嘌呤霉素敏感性检测

在用嘌呤霉素筛选稳定表达细胞系之前，检测 Marc145 细胞对嘌呤霉素的敏感性。分别用 1μg/mL、2μg/mL、3μg/mL、4μg/mL、5μg/mL、6μg/mL、7μg/mL、8μg/mL、9μg/mL、10μg/mL 浓度的嘌呤霉素处理 Marc145 细胞，每个浓度设定 3 个复孔，在处理后每天于显微镜下观察细胞状态。结果发现，在嘌呤霉素处理 7d 后 5μg/mL 浓度以上的孔细胞基本全部死亡，4μg/mL 浓度的孔细胞仍有少量剩余。考虑到筛选细胞的效率，本试验采用 4.5μg/mL 浓度的嘌呤霉素来作为细胞系筛选浓度。

六、Marc145-IFITMs 细胞系构建及鉴定

用本实验室前期构建的 pLV-IFITM1、pLV-IFITM2、pLV-IFITM3 质粒测序鉴定，结果正确。如图 5-9 所示，在目的片段 N 端引入一个 Flag 标签、ATG 起始密码子和 KozaK 序列。

本研究利用慢病毒表达系统包装慢病毒，然后用含有目的基因猪 IFITM 以及空载体的慢病毒感染 Marc145 细胞，最后用嘌呤霉素加压筛选稳定表达

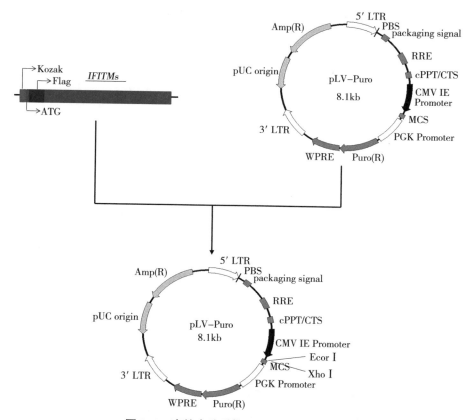

图 5-9 真核表达质粒 pLV-sIFITMs 示意

目的基因的 Marc145 细胞系（图 5-10）。

　　将携带目的基因的慢病毒感染 Marc145 细胞。48h 后，用 0.25% 胰酶对细胞进行消化，吸取少量细胞到新的细胞培养板中。加入 4.5μg/mL 的嘌呤霉素，筛选能够稳定表达目的基因的 Marc145 细胞系。维持嘌呤霉素的浓度，每 2d 换一次培养液，大约 2 周后不再有细胞死亡。维持嘌呤霉素的浓度，对细胞进行扩增。待细胞大量扩增后，提取细胞总 RNA，然后将其反转录为 cDNA，通过 PCR 检测目的基因的 mRNA 转录情况。试验结果显示（图 5-11A），通过慢病毒感染筛选获得的 Marc145 细胞系能够扩增出特异性的目的条带。将构建的稳定细胞系提取蛋白进行 Western blot 检测。结果

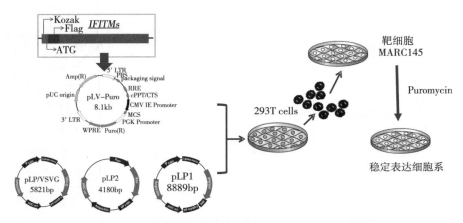

图 5-10　稳定表达细胞系 **Marc145-sIFITMs** 构建策略

显示（图 5-11B），稳定表达细胞系中能够检测到目的蛋白条带而空白对照没有。

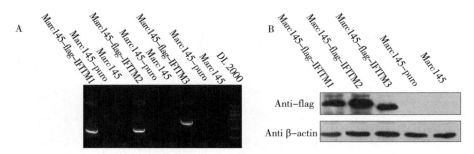

图 5-11　稳定表达细胞系 **Marc145-flag-IFITM RT-PCR（A）和 Western blot（B）鉴定**

七、IFITM 在 Marc145 细胞中稳定表达对 PRRSV 复制的影响

qPCR 检测结果显示，Marc145-IFITM1 稳定表达细胞系在感染 PRRSV GXBB16-1 毒株后的不同时间点，*IFITM1* 基因转录一直保持较高的水平（图 5-12A）。GXBB16-1 在 Marc145-puro 和在 Marc145-IFITM1 中的载量上升趋势相同，但 Marc145-puro 细胞中的病毒载量在不同时间点与 Marc145-IFITM1 稳定表达细胞系中的病毒载量无明显差异（图 5-12B）。说明 *IFITM1* 在转录水平上不能抑制 PRRSV GXBB16-1 的复制。

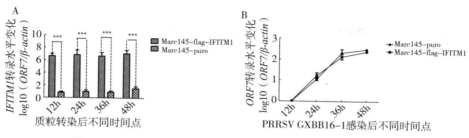

图 5-12　Real-time PCR 检测 IFITM1 抑制 PRRSV 复制作用

qPCR 检测结果显示，Marc145-IFITM2 稳定表达细胞系在感染 PRRSV GXBB16-1 毒株后的不同时间点，*IFITM2* 基因转录一直保持较高的水平（图 5-13A）。GXBB16-1 在 Marc145-puro 和在 Marc145-IFITM2 中的载量上升趋势相同，但 Marc145-puro 细胞中的病毒载量在不同时间点与 Marc145-IFITM2 稳定表达细胞系中的病毒载量无明显差异（图 5-13B）。说明 *IFITM2* 在转录水平上不能抑制 PRRSV GXBB16-1 的复制。

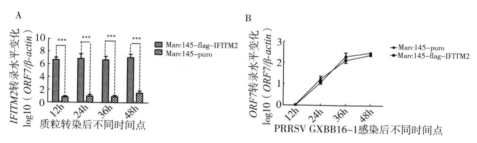

图 5-13　Real-time PCR 检测 IFITM2 抑制 PRRSV 复制作用

qPCR 检测结果显示，Marc145-IFITM3 稳定表达细胞系在感染 PRRSV GXBB16-1 毒株后的不同时间点，*IFITM3* 基因转录一直保持较高的水平（图 5-14A）。GXBB16-1 在 Marc145-puro 和在 Marc145-IFITM3 中的载量上升趋势相同，但 Marc145-puro 细胞中的病毒载量在不同时间点均要显著高于 Marc145-IFITM3 稳定表达细胞中的病毒载量（图 5-14B）。说明 *IFITM3* 可以在转录水平上抑制 PRRSV GXBB16-1 的复制。

用Marc145-IFITM3 和 Marc145-puro 分别接种 MOI 为 0.01 的 PRRSV GXBB16-1 株，在不同时间点收集细胞样品，进行 Western blot 检测病毒在两种细胞中的复制情况。结果显示，在感染病毒后的不同时间点，Marc145-IFITM3 细胞中的 PRRSV N 蛋白表达量要低于 Marc145-puro 细胞中的蛋白表达（图 5-14C）。IFA 检测结果显示，Marc145-IFITM3 过表达细胞系表面特异性免疫荧光显著少于对照组细胞（图 5-14D）。表明 IFITM3 分子可以在蛋白水平上抑制 PRRSV GXBB16-1 的复制。

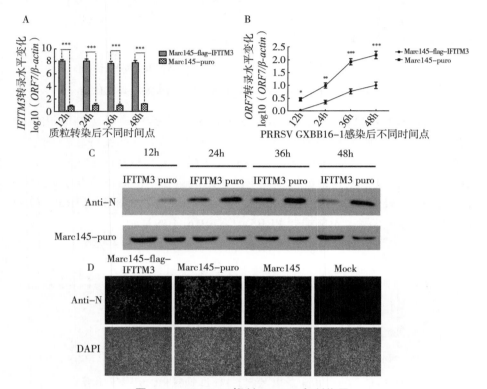

图 5-14　IFITM3 抑制 PRRSV 复制作用

八、siRNA 干扰效率检测

基于稳定表达细胞系 Marc135-IFITM 感染试验，发现 IFITM3 分子能够抑制 PRRSV GXBB16-1 在 Marc145 细胞中的复制。为了进一步验证这种抗病毒作用，委托广州锐博生物科技有限公司合成三条靶向干扰猪 *IFITM3* 基因的 siRNA，首先在稳定表达 IFITM3 的 Marc145-IFITM 中检测 siRNA 的基因敲低效率。结果如下图所示，si-IFITM3-001、si-IFITM3-002 和 si-IFITM3-003，三条 siRNA 敲低效率分别为 54%、44% 和 59%（图 5-15）。根据结果，选择敲低效率较高的 si-IFITM3-003 进行后续试验。

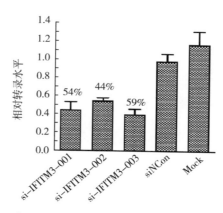

图 5-15　靶向猪 IFITM3 的 siRNA 敲低效率的检测结果

九、敲低 IFITM3 的表达对病毒复制的影响

为了验证 IFITM3 对 PRRSV GXBB16-1 复制作用的影响，首先用 si-IFITM3-003 对 Marc145-IFITM3 细胞中的 *IFITM3* 基因表达进行敲低。首先用 si-IFITM3-003 转染 Marc145-IFITM3 细胞系，转染 12h 后以 MOI＝0.01 接种细胞。分别在接种病毒 12h 和 24h 后，收集细胞样品，提取细胞总 RNA，反转录后检测 *IFITM3* 转录水平变化，以及 PRRSV 转录水平。结果显示，si-IFITM3 在转染后 24h 和 36h 后对 *IFITM3* 基因表达的敲低效率约为 60%。为了检测 si-IFITM3 敲低 *IFITM3* 基因表达后在蛋白水平上对 PRRSV 复制的影响。同样用 si-IFITM3-003 转染 Marc145-IFITM3 稳定表达细胞系，在 siRNA 转染 12h 后，将 PRRSV GXBB16-1 按照 MOI＝0.01 接种细胞，在病毒接种 24h 后，分别利用 Western blot 和 IFA 检测 IFITM3 被敲低表达后对 PRRSV 复制作用的影响。Western blot 结果显示（图 5-16C），siRNA 能够有效敲低 IFITM3 蛋白在 Marc145-IFITM3 稳定表达细胞系中的表达水平。Western blot 和 IFA 结果均显示（图 5-16C、图 5-16D），在蛋白水平上，IFITM3 敲低后，PRRSV GXBB16-1 在 Marc145-IFITM3 稳定表达细胞系中的复制能力显著增强。

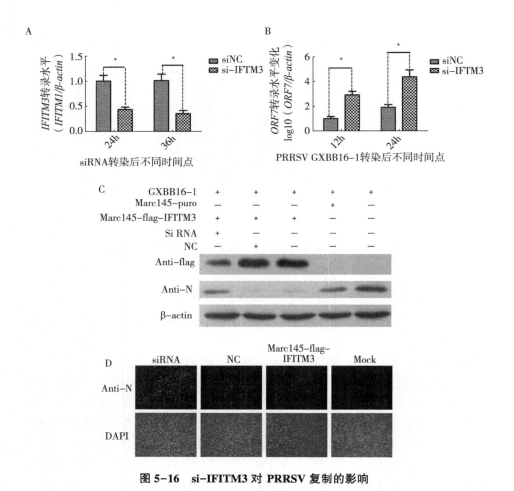

图 5-16 si-IFITM3 对 PRRSV 复制的影响

第四节 讨 论

哺乳动物宿主的先天性免疫应答受体内干扰素系统的精确调控，尤其是在早期检测和对抗病毒入侵过程中，干扰素系统通过产生干扰素来发挥重要的抗病毒作用。病毒与宿主干扰素系统之间的相互作用某种程度上决定了大多数病毒性疾病的最终结局[257-258]。干扰素诱导跨膜蛋白（IFITMs）是一个跨膜蛋白家族，它们在病毒感染和 IFN 诱导中应答情况有所不同。IFITM 家族是一个名为 Dispanins 蛋白大家族下的一个亚家族（Subfamily），Dispanins

指的是一种双跨膜蛋白螺旋结构[259]；IFITMs 在胚胎发育、细胞黏附、生长以及肿瘤的发展过程中发挥的作用已有很好的描述[260]，而对其抗病毒作用的研究也是近年来刚兴起。

养猪业在国民经济和人民营养饮食中占有重要的地位。包括 PRRS 在内的病毒性传染病对现代养猪业造成了严重的影响。已有研究表明猪 IFITM3 能够有效抑制口蹄疫在体内和体外的感染。

PRRSV 是一种具有严格的细胞嗜性的一种病毒，该病毒只对 Marc145 细胞和猪原代 PAM 细胞等少数细胞易感。本研究通过分离原代猪 PAM 细胞和猪原代 PBMC 细胞，提供了两种用于研究 PRRSV 与宿主免疫应答关系的细胞感染模型。根据 IFITM 基因序列，设计了能够检测猪 IFITM1、IFITM2 和 IFITM3 的 qPCR 引物。通过 RT-PCR 和 qPCR 检测发现 PRRSV GXBB16-1 能够很好地感染 PAM 和 PBMC，说明本试验分离的两种细胞可作为研究病毒对宿主免疫应答影响的细胞模型。qPCR 检测发现，PRRSV GXBB16-1 在感染 PAM 和 PBMC 后，两种细胞中的 IFITM 基因都会发生不同程度的上调。猪 IFITM 基因在 PRRSV 感染过程中参与细胞的免疫应答。

利用慢病毒包装技术和细胞系构建技术成功构建了能够稳定表达猪 IFITM 基因的 Marc145 细胞系及空载体对照细胞系。qPCR 检测结果显示，在转录水平上，IFITM1、IFITM2 不能抑制 PRRSV 的复制，而 IFITM3 可显著抑制 PRRSV 的复制。利用 Western blot 以及 IFA 等技术进一步证明 IFITM3 在蛋白表达水平上也能抑制 PRRSV 的复制。

有研究发现，PRRSV Nsp3 蛋白能够与 IFITM1 分子相互作用，使之发生泛素化，进而介导蛋白酶降解 IFITM1 分子，从而使其丧失抗病毒活性。而 IFITM2 的抗病毒相关研究较少。大量对人的 IFITM3 分子抗病毒作用的研究表明，IFITM3 在病毒早期的进入阶段就发挥抗病毒作用。IFITM3 分子在细胞的晚期内体中大量富集，通过抑制病毒与细胞晚期内体之间的膜融合，抑制病毒基因组进入细胞质中，从而抑制病毒基因的复制。有学者认为 IFITM3 在抑制病毒与细胞膜融合过程中脂类，尤其是胆固醇在其中发挥重要的作用。对 PRRSV 进入的研究发现细胞膜和病毒表面的脂类对病毒的进入起重要作用，PRRSV 病毒糖蛋白 GP3 和 GP4 能够与膜表面的脂筏互作。干扰脂筏在细胞内的分布可抑制 PRRSV 的进入[261]，也有研究证明，Marc145 细胞膜上的胆固醇是 PRRSV 进入的重要成分[262]。因此，IFITM3 有可能通过改变细胞内脂类，尤其是胆固醇的分布，进而抑制 PRRSV 的进入。该假设还需后续试验进行研究。本发现对 PRRS 防控具有一定的参考意义。

第五节　小　结

　　成功分离到 PRRSV 血清学阴性 4 周龄仔猪原代 PAM、PBMC 细胞，本试验分离的 PRRSV GXBB16-1 能够较好地感染 PAM、PBMC，并能够显著上调 PAM、PBMC 中的猪 *IFITM* 基因转录水平。

　　成功构建了能够稳定表达猪 IFITM 分子的 Marc145 细胞系，RT-PCR 及 Western blot 鉴定均正确。

　　qPCR 结果显示，IFITM1、IFITM2 对 PRRSV 复制在转录水平上无明显的抑制作用，而 qPCR、Western blot 以及 IFA 检测均发现 IFITM3 能够抑制 PRRSV 的复制，siRNA 敲低 IFITM3 在 Marc145-IFITM3 细胞中的表达可减弱这种抑制作用。

参考文献

［1］ CHO J G, DEE S A. Porcine reproductive and respiratory syndrome virus ［J］. Theriogenology, 2006, 66: 655-662.

［2］ NIEUWENHUIS N, DUINHOF T F, NES A. Economic analysis of outbreaks of porcine reproductive and respiratory syndrome virus in nine sow herds ［J］. Vet Rec, 2012, 170: 225.

［3］ NEUMANN E J, KLIEBENSTEIN J B, JOHNSON C D, et al. Assessment of the economic impact of porcine reproductive and respiratory syndrome on swine production in the United States ［J］. J Am Vet Med Assoc, 2005, 227: 385-392.

［4］ MURTAUGH M P, ELAM M R, KAKACH L T. Comparison of the structural protein coding sequences of the VR-2332 and Lelystad virus strains of the PRRS virus ［J］. Archives of virology, 1995, 140: 1451-1460.

［5］ GUO Z, CHEN X X, LI R, et al. The prevalent status and genetic diversity of porcine reproductive and respiratory syndrome virus in China: a molecular epidemiological perspective ［J］. Virol J, 2018, 15: 2.

［6］ FANG Y, SNIJDER E J. The PRRSV replicase: exploring the multifunctionality of an intriguing set of nonstructural proteins ［J］. Virus Res, 2010, 154: 61-76.

［7］ KROESE M V, ZEVENHOVEN-DOBBE J C, BOS-DE RUIJTER J N, et al. The nsp1alpha and nsp1 papain-like autoproteinases are essential for porcine reproductive and respiratory syndrome virus RNA synthesis ［J］. J Gen Virol, 2008, 89: 494-499.

［8］ SNIJDER E J, KIKKERT M, FANG Y. Arterivirus molecular biology and pathogenesis ［J］. J Gen Virol, 2013, 94: 2141-2163.

［9］ MUSIC N, GAGNON C A. The role of porcine reproductive and respiratory syndrome (PRRS) virus structural and non-structural proteins in virus pathogenesis ［J］. Anim Health Res Rev, 2010, 11: 135-163.

［10］ LI Y, TAS A, SNIJDER E J, et al. Identification of porcine reproductive and respiratory syndrome virus ORF1a-encoded non-structural proteins in virus-infected cells ［J］. J Gen Virol, 2012, 93: 829-839.

[11] KAPPES M A, FAABERG K S. PRRSV structure, replication and recombination: Origin of phenotype and genotype diversity [J]. Virology, 2015, 479: 475-486.

[12] YUN S I, LEE Y M. Overview: Replication of porcine reproductive and respiratory syndrome virus [J]. J Microbiol, 2013, 51: 711-723.

[13] DEN BOON J A, FAABERG K S, MEULENBERG J J, et al. Processing and evolution of the N-terminal region of the arterivirus replicase ORF1a protein: identification of two papainlike cysteine proteases [J]. J Virol, 1995, 69: 4500-4505.

[14] MEULENBERG J J, BENDE R J, POL J M, et al. Nucleocapsid protein N of Lelystad virus: expression by recombinant baculovirus, immunological properties, and suitability for detection of serum antibodies [J]. Clin Diagn Lab Immunol, 1995, 2: 652-656.

[15] VAN AKEN D, ZEVENHOVEN-DOBBE J, GORBALENYA A E, et al. Proteolytic maturation of replicase polyprotein pp1a by the nsp4 main proteinase is essential for equine arteritis virus replication and includes internal cleavage of nsp7 [J]. J Gen Virol, 2006, 87: 3473-3482.

[16] ZIEBUHR J, SNIJDER E J, GORBALENYA A E. Virus-encoded proteinases and proteolytic processing in the Nidovirales [J]. J Gen Virol, 2000, 81: 853-879.

[17] LUNNEY J K, FANG Y, LADINIG A, et al. Porcine Reproductive and Respiratory Syndrome Virus (PRRSV): Pathogenesis and Interaction with the Immune System [J]. Annu Rev Anim Biosci, 2016, 4: 129-154.

[18] DEA S, GAGNON C A, MARDASSI H, et al. Current knowledge on the structural proteins of porcine reproductive and respiratory syndrome (PRRS) virus: comparison of the North American and European isolates [J]. Arch Virol, 2000, 145: 659-688.

[19] MOLENKAMP R, VAN TOL H, ROZIER B C, et al. The arterivirus replicase is the only viral protein required for genome replication and subgenomic mRNA transcription [J]. J Gen Virol, 2000, 81: 2491-2496.

[20] WISSINK E H, KROESE M V, VAN WIJK H A, et al. Envelope protein requirements for the assembly of infectious virions of porcine reproductive and respiratory syndrome virus [J]. J Virol, 2005, 79: 12495-2506.

[21] TIJMS M A, NEDIALKOVA D D, ZEVENHOVEN-DOBBE J C, et al. Arterivirus subgenomic mRNA synthesis and virion biogenesis depend on the multifunctional nsp1 autoprotease [J]. J Virol, 2007, 81: 10496-10505.

[22] TIJMS M A, SNIJDER E J. Equine arteritis virus non-structural protein 1, an essential factor for viral subgenomic mRNA synthesis, interacts with the cellular tran-

scription co-factor p100 [J]. J Gen Virol, 2003, 84: 2317-2322.

[23] SUN Y, XUE F, GUO Y, et al. Crystal structure of porcine reproductive and respiratory syndrome virus leader protease Nsp1alpha [J]. J Virol, 2009, 83: 10931-10940.

[24] SHI X, ZHANG G, WANG L, et al. The nonstructural protein 1 papain-like cysteine protease was necessary for porcine reproductive and respiratory syndrome virus nonstructural protein 1 to inhibit interferon-beta induction [J]. DNA Cell Biol, 2011, 30: 355-362.

[25] KIM O, SUN Y, LAI F W, et al. Modulation of type I interferon induction by porcine reproductive and respiratory syndrome virus and degradation of CREB-binding protein by non-structural protein 1 in MARC-145 and HeLa cells [J]. Virology, 2010, 402: 315-326.

[26] SONG C, KRELL P, YOO D. Nonstructural protein 1alpha subunit-based inhibition of NF-kappaB activation and suppression of interferon-beta production by porcine reproductive and respiratory syndrome virus [J]. Virology, 2010, 407: 268-280.

[27] BEURA L K, SARKAR S N, KWON B, et al. Porcine reproductive and respiratory syndrome virus nonstructural protein 1beta modulates host innate immune response by antagonizing IRF3 activation [J]. J Virol, 2010, 84: 1574-1584.

[28] SNIJDER E J, WASSENAAR A L, SPAAN W J. The 5' end of the equine arteritis virus replicase gene encodes a papainlike cysteine protease [J]. J Virol, 1992, 66: 7040-7048.

[29] DOKLAND T. The structural biology of PRRSV [J]. Virus Res, 2010, 154: 86-97.

[30] FANG Y, KIM D Y, ROPP S, et al. Heterogeneity in Nsp2 of European-like porcine reproductive and respiratory syndrome viruses isolated in the United States [J]. Virus Res, 2004, 100: 229-235.

[31] ROPP S L, WEES C E, FANG Y, et al. Characterization of emerging European-like porcine reproductive and respiratory syndrome virus isolates in the United States [J]. J Virol, 2004, 78: 3684-3703.

[32] NELSEN C J, MURTAUGH M P, FAABERG K S. Porcine reproductive and respiratory syndrome virus comparison: divergent evolution on two continents [J]. J Virol, 1999, 73: 270-280.

[33] ALLENDE R, LEWIS T L, LU Z, et al. North American and European porcine reproductive and respiratory syndrome viruses differ in non-structural protein coding regions [J]. J Gen Virol, 1999, 80 (Pt2): 307-315.

［34］ HAN J, RUTHERFORD M S, FAABERG K S. The porcine reproductive and re-
spiratory syndrome virus nsp2 cysteine protease domain possesses both trans- and
cis-cleavage activities ［J］. J Virol, 2009, 83: 9449-9463.

［35］ HAN J, RUTHERFORD M S, FAABERG K S. Proteolytic products of the porcine
reproductive and respiratory syndrome virus nsp2 replicase protein ［J］. J Virol,
2010, 84: 10102-10112.

［36］ PEDERSEN K W, VAN DER MEER Y, ROOS N, et al. Open reading frame
1a-encoded subunits of the arterivirus replicase induce endoplasmic reticulum-de-
rived double-membrane vesicles which carry the viral replication complex ［J］. J
Virol, 1999, 73: 2016-2026.

［37］ POSTHUMA C C, PEDERSEN K W, LU Z, et al. Formation of the arterivirus
replication/transcription complex: a key role for nonstructural protein 3 in the re-
modeling of intracellular membranes ［J］. J Virol, 2008, 82: 4480-4491.

［38］ ALLAIRE M, CHERNAIA M M, MALCOLM B A, et al. Picornaviral 3C cyste-
ine proteinases have a fold similar to chymotrypsin-like serine proteinases ［J］.
Nature, 1994, 369: 72-76.

［39］ CHOI H K, TONG L, MINOR W, et al. Structure of Sindbis virus core protein
reveals a chymotrypsin-like serine proteinase and the organization of the virion
［J］. Nature, 1991, 354: 37-43.

［40］ TIAN X, LU G, GAO F, et al. Structure and cleavage specificity of the chymo-
trypsin-like serine protease (3CLSP/nsp4) of Porcine Reproductive and Respira-
tory Syndrome Virus (PRRSV) ［J］. J Mol Biol, 2009, 392: 977-993.

［41］ GORBALENYA A E, ENJUANES L, ZIEBUHR J, et al. Nidovirales: evolving
the largest RNA virus genome ［J］. Virus Res, 2006, 117: 17-37.

［42］ KAPUR V, ELAM M R, PAWLOVICH T M, et al. Genetic variation in porcine
reproductive and respiratory syndrome virus isolates in the midwestern United States
［J］. J Gen Virol, 1996, 77 (Pt 6): 1271-1276.

［43］ MENG X J. Heterogeneity of porcine reproductive and respiratory syndrome virus:
implications for current vaccine efficacy and future vaccine development ［J］. Vet
Microbiol, 2000, 74: 309-329.

［44］ BALASURIYA U B, MACLACHLAN N J. The immune response to equine arteritis
virus: potential lessons for other arteriviruses ［J］. Vet Immunol Immunopathol,
2004, 102: 107-129.

［45］ WISSINK E H, KROESE M V, MANESCHIJN-BONSING J G, et al. Signifi-
cance of the oligosaccharides of the porcine reproductive and respiratory syndrome
virus glycoproteins GP2a and GP5 for infectious virus production ［J］. J Gen Vir-

ol, 2004, 85: 3715-3723.

[46] WISSINK E H, VAN WIJK H A, KROESE M V, et al. The major envelope pro-
tein, GP5, of a European porcine reproductive and respiratory syndrome virus con-
tains a neutralization epitope in its N - terminal ectodomain [J]. J Gen Virol,
2003, 84: 1535-1543.

[47] OWEN K E, KUHN R J. Alphavirus budding is dependent on the interaction be-
tween the nucleocapsid and hydrophobic amino acids on the cytoplasmic domain of
the E2 envelope glycoprotein [J]. Virology, 1997, 230: 187-196.

[48] GONIN P, MARDASSI H, GAGNON C A, et al. A nonstructural and antigenic
glycoprotein is encoded by ORF3 of the IAF-Klop strain of porcine reproductive and
respiratory syndrome virus [J]. Arch Virol, 1998, 143: 1927-1940.

[49] WIERINGA R, DE VRIES A A, RAAMSMAN M J, et al. Characterization of two
new structural glycoproteins, GP(3)and GP(4), of equine arteritis virus [J]. J
Virol, 2002, 76: 10829-10840.

[50] DAS P B, DINH P X, ANSARI I H, et al. The minor envelope glycoproteins
GP2a and GP4 of porcine reproductive and respiratory syndrome virus interact with
the receptor CD163 [J]. J Virol, 2010, 84: 1731-1740.

[51] LOEMBA H D, MOUNIR S, MARDASSI H, et al. Kinetics of humoral immune
response to the major structural proteins of the porcine reproductive and respiratory
syndrome virus [J]. Arch Virol, 1996, 141: 751-761.

[52] SHI M, LAM T T, HON C C, et al. Molecular epidemiology of PRRSV: a phy-
logenetic perspective [J]. Virus Res, 2010, 154: 7-17.

[53] THANAWONGNUWECH R, AMONSIN A, TATSANAKIT A, et al. Genetics
and geographical variation of porcine reproductive and respiratory syndrome virus
(PRRSV) in Thailand [J]. Vet Microbiol, 2004, 101: 9-21.

[54] CHEN N, CAO Z, YU X, et al. Emergence of novel European genotype porcine
reproductive and respiratory syndrome virus in mainland China [J]. J Gen Virol,
2011, 92: 880-892.

[55] BENFIELD D A, NELSON E, COLLINS J E, et al. Characterization of swine in-
fertility and respiratory syndrome (SIRS) virus (isolate ATCC VR-2332) [J]. J
Vet Diagn Invest, 1992, 4: 127-133.

[56] HAN J, WANG Y, FAABERG K S. Complete genome analysis of RFLP 184 iso-
lates of porcine reproductive and respiratory syndrome virus [J]. Virus Res,
2006, 122: 175-182.

[57] ZHAO K, YE C, CHANG X B, et al. Importation and Recombination Are Re-
sponsible for the Latest Emergence of Highly Pathogenic Porcine Reproductive and

Respiratory Syndrome Virus in China [J]. J Virol, 2015, 89: 10712-10716.

[58] ZHOU L, WANG Z, DING Y, et al. NADC30-like Strain of Porcine Reproductive and Respiratory Syndrome Virus, China [J]. Emerg Infect Dis, 2015, 21: 2256-2257.

[59] JI G, LI Y, TAN F, et al. Complete Genome Sequence of an NADC30-Like Strain of Porcine Reproductive and Respiratory Syndrome Virus in China [J]. Genome Announc, 2016, 4: e00303-16.

[60] SUN Z, WANG J, BAI X, et al. Pathogenicity comparison between highly pathogenic and NADC30-like porcine reproductive and respiratory syndrome virus [J]. Arch Virol, 2016, 161: 2257-2261.

[61] LI Y, JI G, WANG J, et al. Complete Genome Sequence of an NADC30-Like Porcine Reproductive and Respiratory Syndrome Virus Characterized by Recombination with Other Strains [J]. Genome Announc, 2016, 4: e00004-18.

[62] LI C, ZHUANG J, WANG J, et al. Outbreak Investigation of NADC30-Like PRRSV in South-East China [J]. Transbound Emerg Dis, 2016, 63: 474-479.

[63] ZHOU L, KANG R, XIE B, et al. Complete Genome Sequence of a Recombinant NADC30-Like Strain, SCnj16, of Porcine Reproductive and Respiratory Syndrome Virus in Southwestern China [J]. Genome Announc, 2018, 6: e00004-18.

[64] YIN G, GAO L, SHU X, et al. Genetic diversity of the ORF5 gene of porcine reproductive and respiratory syndrome virus isolates in southwest China from 2007 to 2009 [J]. PloS One, 2012, 7: e33756.

[65] GAO J C, XIONG J Y, YE C, et al. Genotypic and geographical distribution of porcine reproductive and respiratory syndrome viruses in mainland China in 1996-2016 [J]. Vet Microbiol, 2017, 208: 164-172.

[66] LIM K H, STAUDT L M. Toll-like receptor signaling [J]. Cold Spring Harb Perspect Biol, 2013, 5: a011247.

[67] HONDA K, YANAI H, NEGISHI H, et al. IRF-7 is the master regulator of type-I interferon-dependent immune responses [J]. Nature, 2005, 434: 772-777.

[68] KURT-JONES E A, POPOVA L, KWINN L, et al. Pattern recognition receptors TLR4 and CD14 mediate response to respiratory syncytial virus [J]. Nat Immunol, 2000, 1: 398-401.

[69] AWOMOYI A A, RALLABHANDI P, POLLIN T I, et al. Association of TLR4 polymorphisms with symptomatic respiratory syncytial virus infection in high-risk infants and young children [J]. J Immunol, 2007, 179: 3171-3177.

[70] HAEBERLE H A, TAKIZAWA R, CASOLA A, et al. Respiratory syncytial vi-

rus-induced activation of nuclear factor-kappaB in the lung involves alveolar macrophages and toll-like receptor 4-dependent pathways [J]. J Infect Dis, 2002, 186: 1199-1206.

[71] MURAWSKI M R, BOWEN G N, CERNY A M, et al. Respiratory syncytial virus activates innate immunity through Toll-like receptor 2 [J]. J Virol, 2009, 83: 1492-1500.

[72] FIOLA S, GOSSELIN D, TAKADA K, et al. TLR9 contributes to the recognition of EBV by primary monocytes and plasmacytoid dendritic cells [J]. J Immunol, 2010, 185: 3620-3631.

[73] BOEHME K W, GUERRERO M, COMPTON T. Human cytomegalovirus envelope glycoproteins B and H are necessary for TLR2 activation in permissive cells [J]. J Immunol, 2006, 177: 7094-7102.

[74] ZHOU S, HALLE A, KURT-JONES E A, et al. Lymphocytic choriomeningitis virus (LCMV) infection of CNS glial cells results in TLR2-MyD88/Mal-dependent inflammatory responses [J]. J Neuroimmunol, 2008, 194: 70-82.

[75] BARBALAT R, LAU L, LOCKSLEY R M, et al. Toll-like receptor 2 on inflammatory monocytes induces type I interferon in response to viral but not bacterial ligands [J]. Nat Immunol, 2009, 10: 1200-1207.

[76] KURT-JONES E A, CHAN M, ZHOU S, et al. Herpes simplex virus 1 interaction with Toll-like receptor 2 contributes to lethal encephalitis [J]. Proc Natl Acad Sci USA, 2004, 101: 1315-1320.

[77] LIMA G K, ZOLINI G P, MANSUR D S, et al. Toll-like receptor (TLR) 2 and TLR9 expressed in trigeminal ganglia are critical to viral control during herpes simplex virus 1 infection [J]. Am J Pathol, 2010, 177: 2433-2445.

[78] SØRENSEN L N, REINERT L S, MALMGAARD L, et al. TLR2 and TLR9 synergistically control herpes simplex virus infection in the brain [J]. J Immunol, 2008, 181: 8604-8612.

[79] BIEBACK K, LIEN E, KLAGGE I M, et al. Hemagglutinin protein of wild-type measles virus activates Toll-like receptor 2 signaling [J]. J Virol, 2002, 76: 8729-8736.

[80] EDELMANN K H, RICHARDSON-BURNS S, ALEXOPOULOU L, et al. Does Toll-like receptor 3 play a biological role in virus infections [J]. Virology, 2004, 322: 231-238.

[81] HARDARSON H S, BAKER J S, YANG Z, et al. Toll-like receptor 3 is an essential component of the innate stress response in virus-induced cardiac injury [J]. Am J Physiol Heart Circ Physiol, 2007, 292: H251-H258.

[82] WANG T, TOWN T, ALEXOPOULOU L, et al. Toll-like receptor 3 mediates West Nile virus entry into the brain causing lethal encephalitis [J]. Nat Med, 2004, 10: 1366-1373.

[83] GOWEN B B, HOOPES J D, WONG M H, et al. TLR3 deletion limits mortality and disease severity due to Phlebovirus infection [J]. J Immunol, 2006, 177: 6301-6307.

[84] BOWIE A G, HAGA I R. The role of Toll-like receptors in the host response to viruses [J]. Mol Immunol, 2005, 42: 859-867.

[85] SHIREY K A, PLETNEVA L M, PUCHE A C, et al. Control of RSV-induced lung injury by alternatively activated macrophages is IL-4R alpha-, TLR4-, and IFN-beta-dependent [J]. Mucosal Immunol, 2010, 3: 291-300.

[86] RASSA J C, MEYERS J L, ZHANG Y, et al. Murine retroviruses activate B cells via interaction with toll-like receptor 4 [J]. Proc Natl Acad Sci USA, 2002, 99: 2281-2286.

[87] DIEBOLD S S, KAISHO T, HEMMI H, et al. Innate antiviral responses by means of TLR7-mediated recognition of single-stranded RNA [J]. Science, 2004, 303: 1529-1531.

[88] LUND J M, ALEXOPOULOU L, SATO A, et al. Recognition of single-stranded RNA viruses by Toll-like receptor 7 [J]. Proc Natl Acad Sci USA, 2004, 101: 5598-5603.

[89] MIKKELSEN S S, JENSEN S B, CHILIVERU S, et al. RIG-I-mediated activation of p38 MAPK is essential for viral induction of interferon and activation of dendritic cells: dependence on TRAF2 and TAK1 [J]. J Biol Chem, 2009, 284: 10774-10782.

[90] HORAN K A, HANSEN K, JAKOBSEN M R, et al. Proteasomal degradation of herpes simplex virus capsids in macrophages releases DNA to the cytosol for recognition by DNA sensors [J]. J Immunol, 2013, 190: 2311-2319.

[91] ISHIKAWA H, MA Z, BARBER G N. STING regulates intracellular DNA-mediated, type I interferon-dependent innate immunity [J]. Nature, 2009, 461: 788-792.

[92] WU J, SUN L, CHEN X, et al. Cyclic GMP-AMP is an endogenous second messenger in innate immune signaling by cytosolic DNA [J]. Science, 2013, 339: 826-830.

[93] FRANZ K M, NEIDERMYER W J, TAN Y J, et al. STING-dependent translation inhibition restricts RNA virus replication [J]. Proc Natl Acad Sci USA, 2018, 115: E2058-E2067.

[94] DU M, CHEN Z J. DNA-induced liquid phase condensation of cGAS activates innate immune signaling [J]. Science, 2018, 361: 704-709.

[95] ABLASSER A, GOLDECK M, CAVLAR T, et al. cGAS produces a 2'-5'-linked cyclic dinucleotide second messenger that activates STING [J]. Nature, 2013, 498: 380-384.

[96] LI X, SHU C, YI G, et al. Cyclic GMP-AMP synthase is activated by double-stranded DNA-induced oligomerization [J]. Immunity, 2013, 39: 1019-1031.

[97] KRANZUSCH P J, LEE A S, BERGER J M, et al. Structure of human cGAS reveals a conserved family of second-messenger enzymes in innate immunity [J]. Cell Rep, 2013, 3: 1362-1368.

[98] SHANG G, ZHU D, LI N, et al. Crystal structures of STING protein reveal basis for recognition of cyclic di-GMP [J]. Nat Struct Mol Biol, 2012, 19: 725-727.

[99] KUJIRAI T, ZIERHUT C, TAKIZAWA Y, et al. Structural basis for the inhibition of cGAS by nucleosomes [J]. Science, 2020, 370: 455-458.

[100] BOYER J A, SPANGLER C J, STRAUSS J D, et al. Structural basis of nucleosome-dependent cGAS inhibition [J]. Science, 2020, 370: 450-454.

[101] SCHNEIDER W M, CHEVILLOTTE M D, RICE C M, Interferon-stimulated genes: a complex web of host defenses [J]. Annu Rev Immunol, 2014, 32: 513-545.

[102] BRAULT M, OLSEN T M, MARTINEZ J, et al. Intracellular Nucleic Acid Sensing Triggers Necroptosis through Synergistic Type I IFN and TNF Signaling [J]. J Immunol, 2018, 200: 2748-2756.

[103] BURDETTE D L, MONROE K M, SOTELO-TROHA K, et al. STING is a direct innate immune sensor of cyclic di-GMP [J]. Nature, 2011, 478: 515-518.

[104] BERTHELOT J M, LIOTÉF. COVID-19 as a STING disorder with delayed over-secretion of interferon-beta [J]. EBio Medicine, 2020, 56: 102801.

[105] TAKAOKA A, WANG Z, CHOI M K, et al. DAI (DLM-1/ZBP1) is a cytosolic DNA sensor and an activator of innate immune response [J]. Nature, 2007, 448: 501-505.

[106] ISHII K J, KAWAGOE T, KOYAMA S, et al. TANK-binding kinase-1 delineates innate and adaptive immune responses to DNA vaccines [J]. Nature, 2008, 451: 725-729.

[107] KIM K, KHAYRUTDINOV B I, LEE C K, et al. Solution structure of the Zbeta domain of human DNA-dependent activator of IFN-regulatory factors and its binding modes to B- and Z-DNAs [J]. Proc Natl Acad Sci USA, 2011, 108:

6921-6926.

[108] JIN T, PERRY A, JIANG J, et al. Structures of the HIN domain: DNA complexes reveal ligand binding and activation mechanisms of the AIM2 inflammasome and IFI16 receptor [J]. Immunity, 2012, 36: 561-571.

[109] NEGISHI H, FUJITA Y, YANAI H, et al. Evidence for licensing of IFN-gamma-induced IFN regulatory factor 1 transcription factor by MyD88 in Toll-like receptor-dependent gene induction program [J]. Proc Natl Acad Sci USA, 2006, 103: 15136-15141.

[110] KERUR N, VEETTIL M V, SHARMA-WALIA N, et al. IFI16 acts as a nuclear pathogen sensor to induce the inflammasome in response to Kaposi Sarcoma-associated herpesvirus infection [J]. Cell Host Microbe, 2011, 9: 363-375.

[111] MONROE K M, YANG Z, JOHNSON J R, et al. IFI16 DNA sensor is required for death of lymphoid CD4 T cells abortively infected with HIV [J]. Science, 2014, 343: 428-432.

[112] CHILIVERU S, RAHBEK S H, JENSEN S K, et al. Inflammatory cytokines break down intrinsic immunological tolerance of human primary keratinocytes to cytosolic DNA [J]. J Immunol, 2014, 192: 2395-2404.

[113] SU C, ZHENG C. Herpes Simplex Virus 1 Abrogates the cGAS/STING-Mediated Cytosolic DNA-Sensing Pathway via Its Virion Host Shutoff Protein, UL41 [J]. J Virol, 2017, 91: e02414-16.

[114] GRAY E E, WINSHIP D, SNYDER J M, et al. The AIM2-like Receptors Are Dispensable for the Interferon Response to Intracellular DNA [J]. Immunity, 2016, 45: 255-266.

[115] HEMMI H, TAKEUCHI O, KAWAI T, et al. A Toll-like receptor recognizes bacterial DNA [J]. Nature, 2000, 408: 740-745.

[116] MCCLUSKIE M J, DAVIS H L. CpG DNA is a potent enhancer of systemic and mucosal immune responses against hepatitis B surface antigen with intranasal administration to mice [J]. J Immunol, 1998, 161: 4463-4466.

[117] EWALD S E, LEE B L, LAU L, et al. The ectodomain of Toll-like receptor 9 is cleaved to generate a functional receptor [J]. Nature, 2008, 456: 658-662.

[118] HAYASHI K, TAURA M, IWASAKI A. The interaction between IKKα and LC3 promotes type I interferon production through the TLR9-containing LAPosome [J]. Sci Signal, 2018, 11: 41-44.

[119] RAMIREZ-ORTIZ Z G, SPECHT C A, WANG J P, et al. Toll-like receptor 9-dependent immune activation by unmethylated CpG motifs in Aspergillus fumigatus DNA [J]. Infect Immun, 2008, 76: 2123-2129.

［120］ CHRISTENSEN S R, SHUPE J, NICKERSON K, et al. Toll－like receptor 7 and TLR9 dictate autoantibody specificity and have opposing inflammatory and regulatory roles in a murine model of lupus ［J］. Immunity, 2006, 25: 417-428.

［121］ VIGLIANTI G A, LAU C M, HANLEY T M, et al. Activation of autoreactive B cells by CpG dsDNA ［J］. Immunity, 2003, 19: 837-847.

［122］ ZHANG Z, YUAN B, BAO M, et al. The helicase DDX41 senses intracellular DNA mediated by the adaptor STING in dendritic cells ［J］. Nat Immunol, 2011, 12: 959-965.

［123］ OMURA H, OIKAWA D, NAKANE T, et al. Structural and Functional Analysis of DDX41: a bispecific immune receptor for DNA and cyclic dinucleotide ［J］. Sci Rep, 2016, 6: 34756.

［124］ BRIARD B, PLACE D E, KANNEGANTI T D. DNA Sensing in the Innate Immune Response ［J］. Physiology (Bethesda), 2020, 35: 112-124.

［125］ SUBRAMANIAN N, NATARAJAN K, CLATWORTHY M R, et al. The adaptor MAVS promotes NLRP3 mitochondrial localization and inflammasome activation ［J］. Cell, 2013, 153: 348-361.

［126］ VALENTINE R, SMITH G L. Inhibition of the RNA polymerase Ⅲ－mediated dsDNA－sensing pathway of innate immunity by vaccinia virus protein E3 ［J］. J Gen Virol, 2010, 91: 2221-2229.

［127］ THUILLIER V, BRUN I, SENTENAC A, et al. Mutations in the alpha－amanitin conserved domain of the largest subunit of yeast RNA polymerase Ⅲ affect pausing, RNA cleavage and transcriptional transitions ［J］. Embo J, 1996, 15: 618-629.

［128］ SEIDL C I, LAMA L, RYAN K. Circularized synthetic oligodeoxynucleotides serve as promoterless RNA polymerase Ⅲ templates for small RNA generation in human cells ［J］. Nucleic Acids Res, 2013, 41: 2552-2564.

［129］ RAMANATHAN A, WEINTRAUB M, ORLOVETSKIE N, et al. A mutation in POLR3E impairs antiviral immune response and RNA polymerase Ⅲ ［J］. Proc Natl Acad Sci USA, 2020, 117: 22113-22121.

［130］ WANG W, XU L, SU J, et al. Transcriptional Regulation of Antiviral Interferon－Stimulated Genes ［J］. Trends Microbiol, 2017, 25: 573-584.

［131］ MARIÉ I, DURBIN J E, LEVY D E. Differential viral induction of distinct interferon－alpha genes by positive feedback through interferon regulatory factor-7 ［J］. Embo J, 1998, 17: 6660-6669.

［132］ FORSTER S C, TATE M D, HERTZOG P J. MicroRNA as Type I Interferon－Regulated Transcripts and Modulators of the Innate Immune Response ［J］. Front

Immunol, 2015, 6: 334.

[133] TRILLING M, BELLORA N, RUTKOWSKI A J, et al. Deciphering the modulation of gene expression by type I and II interferons combining 4sU-tagging, translational arrest and in silico promoter analysis [J]. Nucleic Acids Res, 2013, 41: 8107-8125.

[134] GAO S, VON DER MALSBURG A, PAESCHKE S, et al. Structural basis of oligomerization in the stalk region of dynamin-like MxA [J]. Nature, 2010, 465: 502-506.

[135] SADLER A J, WILLIAMS B R. Interferon-inducible antiviral effectors [J]. Nat Rev Immunol, 2008, 8: 559-568.

[136] KANE M, YADAV S S, BITZEGEIO J, et al. MX2 is an interferon-induced inhibitor of HIV-1 infection [J]. Nature, 2013, 502: 563-566.

[137] MUNDSCHAU L J, FALLER D V. Platelet-derived growth factor signal transduction through the interferon-inducible kinase PKR. Immediate early gene induction [J]. J Biol Chem, 1995, 270: 3100-3106.

[138] DER S D, YANG Y L, WEISSMANN C, et al. A double-stranded RNA-activated protein kinase-dependent pathway mediating stress-induced apoptosis [J]. Proc Natl Acad Sci USA, 1997, 94: 3279-3283.

[139] PHAM A M, SANTA MARIA F G, LAHIRI T, et al. PKR Transduces MDA5-Dependent Signals for Type I IFN Induction [J]. PLoS Pathog, 2016, 12: e1005489.

[140] GIL J, GARCíA M A, GOMEZ-PUERTAS P, et al. TRAF family proteins link PKR with NF-kappa B activation [J]. Mol Cell Biol, 2004, 24: 4502-4512.

[141] JIANG Z, ZAMANIAN-DARYOUSH M, NIE H, et al. Poly(I-C)-induced Toll-like receptor 3(TLR3)-mediated activation of NFkappa B and MAP kinase is through an interleukin-1 receptor-associated kinase(IRAK)-independent pathway employing the signaling components TLR3-TRAF6-TAK1-TAB2-PKR [J]. J Biol Chem, 2003, 278: 16713-16719.

[142] KUNY C V, SULLIVAN C S. Virus-Host Interactions and the ARTD/PARP Family of Enzymes [J]. PLoS Pathog, 2016, 12: e1005453.

[143] ZHU Y, GAO G. ZAP-mediated mRNA degradation [J]. RNA Biol, 2008, 5: 65-67.

[144] HAYAKAWA S, SHIRATORI S, YAMATO H, et al. ZAPS is a potent stimulator of signaling mediated by the RNA helicase RIG-I during antiviral responses [J]. Nat Immunol, 2011, 12: 37-44.

[145] KERNS J A, EMERMAN M, MALIK H S. Positive selection and increased anti-

viral activity associated with the PARP-containing isoform of human zinc-finger antiviral protein [J]. PLoS Genet, 2008, 4: e21.

[146] LEE H, KOMANO J, SAITOH Y, et al. Zinc-finger antiviral protein mediates retinoic acid inducible gene I-like receptor-independent antiviral response to murine leukemia virus [J]. Proc Natl Acad Sci USA, 2013, 110: 12379-12384.

[147] WANG N, DONG Q, LI J, et al. Viral induction of the zinc finger antiviral protein is IRF3-dependent but NF-kappaB-independent [J]. J Biol Chem, 2010, 285: 6080-6090.

[148] CHIN K C, CRESSWELL P. Viperin (cig5), an IFN-inducible antiviral protein directly induced by human cytomegalovirus [J]. Proc Natl Acad Sci USA, 2001, 98: 15125-15130.

[149] SEVERA M, COCCIA E M, FITZGERALD K A. Toll-like receptor-dependent and-independent viperin gene expression and counter-regulation by PRDI-binding factor-1/BLIMP1 [J]. J Biol Chem, 2006, 281: 26188-21695.

[150] WEISS G, RASMUSSEN S, ZEUTHEN L H, et al. Lactobacillus acidophilus induces virus immune defence genes in murine dendritic cells by a Toll-like receptor-2-dependent mechanism [J]. Immunology, 2010, 131: 268-281.

[151] LUO F, LIU H, YANG S, et al. Nonreceptor Tyrosine Kinase c-Abl- and Arg-Mediated IRF3 Phosphorylation Regulates Innate Immune Responses by Promoting Type I IFN Production [J]. J Immunol, 2019, 202: 2254-2265.

[152] OLOFSSON P S, JATTA K, WÅGSÄTER D, et al. The antiviral cytomegalovirus inducible gene 5/viperin is expressed in atherosclerosis and regulated by proinflammatory agents [J]. Arterioscler Thromb Vasc Biol, 2005, 25: e113-e116.

[153] LAZEAR H M, SCHOGGINS J W, DIAMOND M S. Shared and Distinct Functions of Type I and Type III Interferons [J]. Immunity, 2019, 50: 907-923.

[154] PERVOLARAKI K, RASTGOU TALEMI S, ALBRECHT D, et al. Differential induction of interferon stimulated genes between type I and type III interferons is independent of interferon receptor abundance [J]. PLoS Pathog, 2018, 14: e1007420.

[155] ZHOU Z, HAMMING O J, ANK N, et al. Type III interferon (IFN) induces a type I IFN-like response in a restricted subset of cells through signaling pathways involving both the Jak-STAT pathway and the mitogen-activated protein kinases [J]. J Virol, 2007, 81: 7749-7758.

[156] SAITOH T, SATOH T, YAMAMOTO N, et al. Antiviral protein Viperin promotes Toll-like receptor 7-and Toll-like receptor 9-mediated type I interferon production in plasmacytoid dendritic cells [J]. Immunity, 2011, 34: 352-363.

[157] GRANDVAUX N, SERVANT M J, TENOEVER B, et al. Transcriptional profiling of interferon regulatory factor 3 target genes: direct involvement in the regulation of interferon-stimulated genes [J]. J Virol, 2002, 76: 5532-5539.

[158] LIU S Y, ALIYARI R, CHIKERE K, et al. Interferon-inducible cholesterol-25-hydroxylase broadly inhibits viral entry by production of 25-hydroxycholesterol [J]. Immunity, 2013, 38: 92-105.

[159] BLANC M, HSIEH W Y, ROBERTSON K A, et al. The transcription factor STAT-1 couples macrophage synthesis of 25-hydroxycholesterol to the interferon antiviral response [J]. Immunity, 2013, 38: 106-118.

[160] BLANC M, HSIEH W Y, ROBERTSON K A, et al. Host defense against viral infection involves interferon mediated down-regulation of sterol biosynthesis [J]. PLoS Biol, 2011, 9: e1000598.

[161] MOOG C, AUBERTIN A M, KIRN A, et al. Oxysterols, but not cholesterol, inhibit human immunodeficiency virus replication in vitro [J]. Antivir Chem Chemother, 1998, 9: 491-496.

[162] PEZACKI J P, SAGAN S M, TONARY A M, et al. Transcriptional profiling of the effects of 25-hydroxycholesterol on human hepatocyte metabolism and the antiviral state it conveys against the hepatitis C virus [J]. BMC Chem Biol, 2009, 9: 2.

[163] ESPENSHADE P J, HUGHES A L. Regulation of sterol synthesis in eukaryotes [J]. Annu Rev Genet, 2007, 41: 401-427.

[164] WILSON S J, SCHOGGINS J W, ZANG T, et al. Inhibition of HIV-1 particle assembly by 2',3'-cyclic-nucleotide 3'-phosphodiesterase [J]. Cell Host Microbe, 2012, 12: 585-597.

[165] GLENN J S, WATSON J A, HAVEL C M, et al. Identification of a prenylation site in delta virus large antigen [J]. Science, 1992, 256: 1331-1333.

[166] WANG C, GALE M, KELLER B C, et al. Identification of FBL2 as a geranylgeranylated cellular protein required for hepatitis C virus RNA replication [J]. Mol Cell, 2005, 18: 425-434.

[167] KAPADIA S B, CHISARI F V. Hepatitis C virus RNA replication is regulated by host geranylgeranylation and fatty acids [J]. Proc Natl Acad Sci USA, 2005, 102: 2561-2566.

[168] DESAI S D, HAAS A L, WOOD L M, et al. Elevated expression of ISG15 in tumor cells interferes with the ubiquitin/26S proteasome pathway [J]. Cancer Res, 2006, 66: 921-928.

[169] FARRELL P J, BROEZE R J, LENGYEL P. Accumulation of an mRNA and

protein in interferon-treated Ehrlich ascites tumour cells [J]. Nature, 1979, 279: 523-525.

[170] POTTER J L, NARASIMHAN J, MENDE-MUELLER L, et al. Precursor processing of pro-ISG15/UCRP, an interferon-beta-induced ubiquitin-like protein [J]. J Biol Chem, 1999, 274: 25061-25068.

[171] SIDDOO-ATWAL C, HAAS A L, ROSIN M P. Elevation of interferon beta-inducible proteins in ataxia telangiectasia cells [J]. Cancer Res, 1996, 56: 443-447.

[172] DZIMIANSKI J V, SCHOLTE F E M, BERGERON É, et al. ISG15: It's Complicated [J]. J Mol Biol, 2019, 431: 4203-4216.

[173] TONG H V, HOAN N X, BINH M T, et al. Upregulation of Enzymes involved in ISGylation and Ubiquitination in patients with hepatocellular carcinoma [J]. Int J Med Sci, 2020, 17: 347-353.

[174] NARASIMHAN J, POTTER J L, HAAS A L. Conjugation of the 15-kDa interferon-induced ubiquitin homolog is distinct from that of ubiquitin [J]. J Biol Chem, 1996, 271: 324-330.

[175] ZHAO C, BEAUDENON S L, KELLEY M L, et al. The UbcH8 ubiquitin E2 enzyme is also the E2 enzyme for ISG15, an IFN-alpha/beta-induced ubiquitin-like protein [J]. Proc Natl Acad Sci USA, 2004, 101: 7578-7582.

[176] ZOU W, ZHANG D E. The interferon-inducible ubiquitin-protein isopeptide ligase (E3) EFP also functions as an ISG15 E3 ligase [J]. J Biol Chem, 2006, 281: 3989-3994.

[177] WONG J J, PUNG Y F, SZE N S, et al. HERC5 is an IFN-induced HECT-type E3 protein ligase that mediates type I IFN-induced ISGylation of protein targets [J]. Proc Natl Acad Sci USA, 2006, 103: 10735-10740.

[178] WOODS M W, KELLY J N, HATTLMANN C J, et al. Human HERC5 restricts an early stage of HIV-1 assembly by a mechanism correlating with the ISGylation of Gag [J]. Retrovirology, 2011, 8: 95.

[179] CHANG Y G, YAN X Z, XIE Y Y, et al. Different roles for two ubiquitin-like domains of ISG15 in protein modification [J]. J Biol Chem, 2008, 283: 13370-13377.

[180] ZHAO C, DENISON C, HUIBREGTSE J M, et al. Human ISG15 conjugation targets both IFN-induced and constitutively expressed proteins functioning in diverse cellular pathways [J]. Proc Natl Acad Sci USA, 2005, 102: 10200-10205.

[181] RITCHIE K J, MALAKHOV M P, HETHERINGTON C J, et al. Dysregulation

of protein modification by ISG15 results in brain cell injury [J]. Genes Dev, 2002, 16: 2207-2012.

[182] RONCHI V P, HAAS A L. Measuring rates of ubiquitin chain formation as a functional readout of ligase activity [J]. Methods Mol Biol, 2012, 832: 197-218.

[183] HAAS A L, AHRENS P, BRIGHT P M, et al. Interferon induces a 15-kilodalton protein exhibiting marked homology to ubiquitin [J]. J Biol Chem, 1987, 262: 11315-11323.

[184] KETSCHER L, HANN R, MORALES D J, et al. Selective inactivation of USP18 isopeptidase activity in vivo enhances ISG15 conjugation and viral resistance [J]. Proc Natl Acad Sci USA, 2015, 112: 1577-1582.

[185] ALBERT M, BÉCARES M, FALQUI M, et al. ISG15, a Small Molecule with Huge Implications: Regulation of Mitochondrial Homeostasis [J]. Viruses, 2018, 10: 629.

[186] SPEER S D, LI Z, BUTA S, et al. ISG15 deficiency and increased viral resistance in humans but not mice [J]. Nat Commun, 2016, 7: 11496.

[187] LENSCHOW D J. Antiviral Properties of ISG15 [J]. Viruses, 2010, 2: 2154-2168.

[188] FREITAS B T, SCHOLTE F E M, BERGERON É, et al. How ISG15 combats viral infection [J]. Virus Res, 2020, 286: 198036.

[189] MORALES D J, LENSCHOW D J. The antiviral activities of ISG15 [J]. J Mol Biol, 2013, 425: 4995-5008.

[190] PERNG Y C, LENSCHOW D J. ISG15 in antiviral immunity and beyond [J]. Nat Rev Microbiol, 2018, 16: 423-439.

[191] MATHIEU N A, PAPARISTO E, BARR S D, et al. HERC5 and the ISGylation Pathway: Critical Modulators of the Antiviral Immune Response [J]. Viruses, 2021, 13: 1102.

[192] CAO X. ISG15 secretion exacerbates inflammation in SARS-CoV-2 infection [J]. Nat Immunol, 2021, 22: 1360-1362.

[193] LIU G, LEE J H, PARKER Z M, et al. ISG15-dependent activation of the sensor MDA5 is antagonized by the SARS-CoV-2 papain-like protease to evade host innate immunity [J]. Nat Microbiol, 2021, 6: 467-478.

[194] BRASS A L, HUANG I C, BENITA Y, et al. The IFITM proteins mediate cellular resistance to influenza A H1N1 virus, West Nile virus, and dengue virus [J]. Cell, 2009, 139: 1243-1254.

[195] SCHOGGINS J W, WILSON S J, PANIS M, et al. A diverse range of gene

products are effectors of the type I interferon antiviral response [J]. Nature, 2011, 472: 481-485.

[196] DIAMOND M S, FARZAN M. The broad-spectrum antiviral functions of IFIT and IFITM proteins [J]. Nat Rev Immunol, 2013, 13: 46-57.

[197] EVERITT A R, CLARE S, PERTEL T, et al. IFITM3 restricts the morbidity and mortality associated with influenza [J]. Nature, 2012, 484: 519-523.

[198] CHMIELEWSKA A M, GÓMEZ-HERRANZ M, GACH P, et al. The Role of IFITM Proteins in Tick-Borne Encephalitis Virus Infection [J]. J Virol, 2022, 96: e0113021.

[199] ZHENG M, ZHAO X, ZHENG S, et al. Bat SARS-Like WIV1 coronavirus uses the ACE2 of multiple animal species as receptor and evades IFITM3 restriction via TMPRSS2 activation of membrane fusion [J]. Emerg Microbes Infect, 2020, 9: 1567-1579.

[200] MEISCHEL T, FRITZLAR S, VILLALON-LETELIER F, et al. IFITM Proteins That Restrict the Early Stages of Respiratory Virus Infection Do Not Influence Late-Stage Replication [J]. J Virol, 2021, 95: e0083721.

[201] RANJBAR S, HARIDAS V, JASENOSKY L D, et al. A Role for IFITM Proteins in Restriction of Mycobacterium tuberculosis Infection [J]. Cell Rep, 2015, 13: 874-883.

[202] HUANG I C, BAILEY C C, WEYER J L, et al. Distinct patterns of IFITM-mediated restriction of filoviruses, SARS coronavirus, and influenza A virus [J]. PLoS Pathog, 2011, 7: e1001258.

[203] GARST E H, LEE H, DAS T, et al. Site-Specific Lipidation Enhances IFITM3 Membrane Interactions and Antiviral Activity [J]. ACS Chem Biol, 2021, 16: 844-856.

[204] ZOU X, YUAN M, ZHANG T, et al. EVs Containing Host Restriction Factor IFITM3 Inhibited ZIKV Infection of Fetuses in Pregnant Mice through Trans-placenta Delivery [J]. Mol Ther, 2021, 29: 176-190.

[205] BAILEY C C, HUANG I C, KAM C, et al. Ifitm3 limits the severity of acute influenza in mice [J]. PLoS Pathog, 2012, 8: e1002909.

[206] KENNEY A D, MCMICHAEL T M, IMAS A, et al. IFITM3 protects the heart during influenza virus infection [J]. Proc Natl Acad Sci USA, 2019, 116: 18607-18612.

[207] ZHANG Y H, ZHAO Y, LI N, et al. Interferon-induced transmembrane protein-3 genetic variant rs12252-C is associated with severe influenza in Chinese individuals [J]. Nat Commun, 2013, 4: 1418.

[208] WANG Y S, LUO Q L, GUAN Y G, et al. HCMV infection and IFITM3 rs12252 are associated with Rasmussen's encephalitis disease progression [J]. Ann Clin Transl Neurol, 2021, 8: 558-570.

[209] LI M, LI Y P, DENG H L, et al. DNA methylation and SNP in IFITM3 are correlated with hand, foot and mouth disease caused by enterovirus 71 [J]. Int J Infect Dis, 2021, 105: 199-208.

[210] ZHANG Y, QIN L, ZHAO Y, et al. Interferon-Induced Transmembrane Protein 3 Genetic Variant rs12252-C Associated With Disease Severity in Coronavirus Disease 2019 [J]. J Infect Dis, 2020, 222: 34-37.

[211] ALGHAMDI J, ALAAMERY M, BARHOUMI T, et al. Interferon-induced transmembrane protein-3 genetic variant rs12252 is associated with COVID-19 mortality [J]. Genomics, 2021, 113: 1733-1741.

[212] GÓMEZ J, ALBAICETA G M, CUESTA-LLAVONA E, et al. The Interferon-induced transmembrane protein 3 gene (IFITM3) rs12252 C variant is associated with COVID-19 [J]. Cytokine, 2021, 137: 155354.

[213] MOHAMMED F S, FAROOQI Y N, MOHAMMED S. The Interferon-Induced Transmembrane Protein 3-rs12252 Allele May Predict COVID-19 Severity Among Ethnic Minorities [J]. Front Genet, 2021, 12: 692254.

[214] ALLEN E K, RANDOLPH A G, BHANGALE T, et al. SNP-mediated disruption of CTCF binding at the IFITM3 promoter is associated with risk of severe influenza in humans [J]. Nat Med, 2017, 23: 975-983.

[215] GUO X, STEINKÜHLER J, MARIN M, et al. Interferon-Induced Transmembrane Protein 3 Blocks Fusion of Diverse Enveloped Viruses by Altering Mechanical Properties of Cell Membranes [J]. ACS Nano, 2021, 15: 8155-8170.

[216] SPENCE J S, HE R, HOFFMANN H H, et al. IFITM3 directly engages and shuttles incoming virus particles to lysosomes [J]. Nat Chem Biol, 2019, 15: 259-268.

[217] RAHMAN K, COOMER C A, MAJDOUL S, et al. Homology-guided identification of a conserved motif linking the antiviral functions of IFITM3 to its oligomeric state [J]. Elife, 2020, 9: 58537.

[218] FEELEY E M, SIMS J S, JOHN S P, et al. IFITM3 inhibits influenza A virus infection by preventing cytosolic entry [J]. PLoS Pathog, 2011, 7: e1002337.

[219] COMPTON A A, BRUEL T, PORROT F, et al. IFITM proteins incorporated into HIV-1 virions impair viral fusion and spread [J]. Cell Host Microbe, 2014, 16: 736-747.

[220] ZHANG A, DUAN H, ZHAO H, et al. Interferon-induced transmembrane pro-

tein 3 is a virus–associated protein which suppresses porcine reproductive and respiratory syndrome virus replication by blocking viral membrane fusion [J]. J Virol, 2020, 94: e01350-20.

[221] WANG X, WU Z, LI Y, et al. p53 promotes ZDHHC1 – mediated IFITM3 palmitoylation to inhibit Japanese encephalitis virus replication [J]. PLoS Pathog, 2020, 16: e1009035.

[222] AMINI–BAVIL–OLYAEE S, CHOI Y J, LEE J H, et al. The antiviral effector IFITM3 disrupts intracellular cholesterol homeostasis to block viral entry [J]. Cell Host Microbe, 2013, 13: 452-464.

[223] DESAI T M, MARIN M, CHIN C R, et al. IFITM3 restricts influenza A virus entry by blocking the formation of fusion pores following virus–endosome hemifusion [J]. PLoS Pathog, 2014, 10: e1004048.

[224] CHEN L, ZHU L, CHEN J. Human Interferon Inducible Transmembrane Protein 3 (IFITM3) Inhibits Influenza Virus A Replication and Inflammation by Interacting with ABHD16A [J]. Biomed Res Int, 2021, 2021: 6652147.

[225] WU X, SPENCE J S, DAS T, et al. Site–Specific Photo–Crosslinking Proteomics Reveal Regulation of IFITM3 Trafficking and Turnover by VCP/p97 ATPase [J]. Cell Chem Biol, 2020, 27: 571-585.

[226] WEE Y S, ROUNDY K M, WEIS J J, et al. Interferon–inducible transmembrane proteins of the innate immune response act as membrane organizers by influencing clathrin and v – ATPase localization and function [J]. Innate Immun, 2012, 18: 834-845.

[227] FU B, WANG L, LI S, et al. ZMPSTE24 defends against influenza and other pathogenic viruses [J]. J Exp Med, 2017, 214: 919-929.

[228] BEARD R S, YANG X, MEEGAN J E, et al. Palmitoyl acyltransferase DHHC21 mediates endothelial dysfunction in systemic inflammatory response syndrome [J]. Nat Commun, 2016, 7: 12823.

[229] ZHANG M, ZHOU L, XU Y, et al. A STAT3 palmitoylation cycle promotes TH17 differentiation and colitis [J]. Nature, 2020, 586: 434-439.

[230] YOUNT J S, MOLTEDO B, YANG Y Y, et al. Palmitoylome profiling reveals S–palmitoylation–dependent antiviral activity of IFITM3 [J]. Nat Chem Biol, 2010, 6: 610-614.

[231] YOUNT J S, KARSSEMEIJER R A, HANG H C. S–palmitoylation and ubiquitination differentially regulate *interferon–induced* transmembrane protein 3 (IFITM3)–mediated resistance to influenza virus [J]. J Biol Chem, 2012, 287: 19631-19641.

[232] RAMAKRISHNAN S. Mass-tag labeling reveals site-specific and endogenous levels of protein S-fatty acylation [J]. Proc Natl Acad Sci USA, 2016, 113: 4302.

[233] XU Z, LI X, XUE J, et al. S-palmitoylation of swine interferon-inducible transmembrane protein is essential for its anti-JEV activity [J]. Virology, 2020, 548: 82-92.

[234] DAS T, YANG X, LEE H, et al. S-palmitoylation and sterol interactions mediate antiviral specificity of IFITM [J]. ACS Chem Biol, 2022, 17: 2109-2120.

[235] RANA M S, KUMAR P, LEE C J, et al. Fatty acyl recognition and transfer by an integral membrane S-acyltransferase [J]. Science, 2018, 359: e06326.

[236] MCMICHAEL T M, ZHANG L, CHEMUDUPATI M, et al. The palmitoyltransferase ZDHHC20 enhances interferon-induced transmembrane protein 3 (IFITM3) palmitoylation and antiviral activity [J]. J Biol Chem, 2017, 292: 21517-21526.

[237] LIU J K, ZHOU X, ZHAI J Q, et al. Emergence of a novel highly pathogenic porcine reproductive and respiratory syndrome virus in China [J]. Transbound Emerg Dis, 2017, 64: 2059-2074.

[238] YAN Y, GUO X, GE X, et al. Monoclonal antibody and porcine antisera recognized B-cell epitopes of Nsp2 protein of a Chinese strain of porcine reproductive and respiratory syndrome virus [J]. Virus Res, 2007, 126: 207-215.

[239] WANG X, MARTHALER D, ROVIRA A, et al. Emergence of a virulent porcine reproductive and respiratory syndrome virus in vaccinated herds in the United States [J]. Virus Res, 2015, 210: 34-41.

[240] MOKHTAR H, ECK M, MORGAN S B, et al. Proteome-wide screening of the European porcine reproductive and respiratory syndrome virus reveals a broad range of T cell antigen reactivity [J]. Vaccine, 2014, 32: 6828-6837.

[241] WENSVOORT G, TERPSTRA C, POL J M, et al. Mystery swine disease in The Netherlands: the isolation of Lelystad virus [J]. Vet Q, 1991, 13: 121-130.

[242] CHUNG W B, LIN M W, CHANG W F, et al. Persistence of porcine reproductive and respiratory syndrome virus in intensive farrow-to-finish pig herds [J]. Can J Vet Res, 1997, 61: 292-298.

[243] BARON T, ALBINA E, LEFORBAN Y, et al. Report on the first outbreaks of the porcine reproductive and respiratory syndrome (PRRS) in France. Diagnosis and viral isolation. Annales de recherches veterinaires [J]. Ann R Vet, 1992, 23: 161-166.

[244] KUWAHARA H, NUNOYA T, TAJIMA M, et al. An outbreak of porcine repro-

ductive and respiratory syndrome in Japan [J]. J Vet Med Sci, 1994, 56: 901-909.

[245] CARMAN S, SANFORD S E, DEA S. Assessment of seropositivity to porcine reproductive and respiratory syndrome (PRRS) virus in swine herds in Ontario, 1978 to 1982 [J]. Can Vet J, 1995, 36: 776-777.

[246] KARNIYCHUK U U, GELDHOF M, VANHEE M, et al. Pathogenesis and antigenic characterization of a new East European subtype 3 porcine reproductive and respiratory syndrome virus isolate [J]. BMC Vet Res, 2010, 6: 30.

[247] HAN W, WU J J, DENG X Y, et al. Molecular mutations associated with the in vitro passage of virulent porcine reproductive and respiratory syndrome virus [J]. Virus Genes, 2009, 38: 276-284.

[248] LENG X, LI Z, XIA M, et al. Mutations in the genome of the highly pathogenic porcine reproductive and respiratory syndrome virus potentially related to attenuation [J]. Vet Microbiol, 2012, 157: 50-60.

[249] TIAN Z J, AN T Q, ZHOU Y J, et al. An attenuated live vaccine based on highly pathogenic porcine reproductive and respiratory syndrome virus (HP-PRRSV) protects piglets against HP-PRRS [J]. Vet Microbiol, 2009, 138: 34-40.

[250] GAO Z Q, GUO X, YANG H C. Genomic characterization of two Chinese isolates of porcine respiratory and reproductive syndrome virus [J]. Arch Virol, 2004, 149: 1341-1351.

[251] HAN J, LIU G, WANG Y, et al. Identification of nonessential regions of the nsp2 replicase protein of porcine reproductive and respiratory syndrome virus strain VR-2332 for replication in cell culture [J]. J Virol, 2007, 81: 9878-9890.

[252] DIAZ I, PUJOLS J, GANGES L, et al. In silico prediction and ex vivo evaluation of potential T-cell epitopes in glycoproteins 4 and 5 and nucleocapsid protein of genotype-I (European) of porcine reproductive and respiratory syndrome virus [J]. Vaccine, 2009, 27: 5603-5611.

[253] DE LIMA M, PATTNAIK A K, FLORES E F, et al. Serologic marker candidates identified among B-cell linear epitopes of Nsp2 and structural proteins of a North American strain of porcine reproductive and respiratory syndrome virus [J]. Virology, 2006, 353: 410-421.

[254] VASHISHT K, GOLDBERG T L, HUSMANN R J, et al. Identification of immunodominant T-cell epitopes present in glycoprotein 5 of the North American genotype of porcine reproductive and respiratory syndrome virus [J]. Vaccine, 2008, 26: 4747-4753.

[255] ZHAO K, GAO J C, XIONG J Y, et al. Two Residues in NSP9 Contribute to the Enhanced Replication and Pathogenicity of Highly Pathogenic Porcine Reproductive and Respiratory Syndrome Virus [J]. J Virol, 2018, 92: e02209-17.

[256] XU J, QIAN P, WU Q, et al. Swine interferon-induced transmembrane protein, sIFITM3, inhibits foot-and-mouth disease virus infection in vitro and in vivo [J]. Antiviral Res, 2014, 109: 22-29.

[257] GONZALEZ-NAVAJAS J M, LEE J, DAVID M, et al. Immunomodulatory functions of type I interferons [J]. Nat Rev Immunol, 2012, 12: 125-135.

[258] KATZE M G, FORNEK J L, PALERMO R E, et al. Innate immune modulation by RNA viruses: emerging insights from functional genomics [J]. Nat Rev Immunol, 2008, 8: 644-654.

[259] SALLMAN A M, BRINGELAND N, FREDRIKSSON R, et al. The dispanins: a novel gene family of ancient origin that contains 14 human members [J]. PloS One, 2012, 7: e31961.

[260] SIEGRIST F, EBELING M, CERTA U. The small interferon-induced transmembrane genes and proteins [J]. J Interferon Cytokine Res, 2011, 31: 183-197.

[261] YANG Q, ZHANG Q, TANG J, et al. Lipid rafts both in cellular membrane and viral envelope are critical for PRRSV efficient infection [J]. Virology, 2015, 484: 170-180.

[262] SUN Y, XIAO S, WANG D, et al. Cellular membrane cholesterol is required for porcine reproductive and respiratory syndrome virus entry and release in MARC-145 cells [J]. Sci China Life Sci, 2011, 54: 1011-1018.

附录　缩略词表

缩略词	英文全称	中文名称
BLAST	Basic Local Alignment Search Tool	局部序列比对基本检索工具
BSA	Bovine Serum Albumin	牛血清白蛋白
CDS	Coding Sequence	编码序列
DMV	Double Membrane Vesicles	双层膜泡结构
DNA	Deoxyribonucleic Acid	脱氧核糖核酸
FITC	Fluorescein Isothiocyanate	异硫氰酸荧光素
GP	Glycoprotein	糖蛋白
IFA	Indirect Immunofluorescence	间接免疫荧光
IFITM	Interferon Induced Transmembrane Protein	干扰素诱导跨膜蛋白
IFN	Interferon	干扰素
IRF	Interferon Regulatory Factor	干扰素调节因子
ISG15	Interferon-Stimulated Gene 15	干扰素刺激基因15
MDA5	Melanoma Differentiation-Associated Gene 5	黑色素瘤分化相关基因5
mRNA	Messenger RNA	信使RNA
NCBI	National Center of Biotechnology Information	美国国家生物技术信息中心
ORF	Open Reading Frame	开放阅读框
PAMPs	Pathogen-Associated Molecular Pattern	病原相关分子模式
PBS	Phosphate Buffered Saline	磷酸盐缓冲液
PCP	Papain-like Cysteine Protease	木瓜蛋白酶样半胱氨酸蛋白酶
PCR	Polymerase Chain Reaction	聚合酶链式反应
PCVAD	PCV2-associated Disease	PCV2相关性疾病
PCV	Porcine Circovirus	猪环状病毒
PDNS	Porcine Dermatitis and Nephropathy Syndrome	猪皮炎和肾病综合征
PDNS	Porcine Dermatitis and Nephropathy Syndrome	猪皮炎和肾病综合征
PLP	Papain-like Protease	木瓜蛋白酶样蛋白酶

（续表）

缩略词	英文全称	中文名称
PMWS	Postweaning Multi-systemic Wasting Syndrome	断奶仔猪多系统衰竭综合征
PRRs	Pattern Recognition Receptor	模式识别受体
PRRS	Porcine Reproductive and Respiratory Syndrome	猪繁殖与呼吸综合征
PRRSV	Porcine Reproductive and Respiratory Syndrome Virus	猪繁殖与呼吸综合征病毒
PVDF	Polyvinylidene Fluoride	聚偏氟乙烯
RdRP	RNA-dependent RNA polymerase	RNA 依赖性 RNA 多聚酶
RIG-I	Retinoic Acid-Inducible Gene I	黄酸酸诱导基因蛋白 I
RLRs	Retinoic Acid-Inducible Gene I like receptor	视黄酸诱导基因 I 样受体
RNA	Ribonucleic Acid	核糖核酸
rRNA	Ribosomal RNA	核糖体 RNA
SDS-PAGE	Sodium Dodecyl Sulfate Polyacrylamide Gel Electropheresis	十二烷基硫酸钠聚丙烯酰胺
TBST	Tris Buffered Saline with Tween	Tris 缓冲盐吐温缓冲液
UTR	Untranslated Regions	非编码区
ZAP	Zinc-Finger Antiviral Protein	锌指抗病毒蛋白